绿色宜居村镇住宅的设计与建造

Design and Construction of Green and Livable Rural House

"绿色宜居"村镇住宅建造技术体系研究课题组　编著

中国建筑工业出版社

图书在版编目（CIP）数据

绿色宜居村镇住宅的设计与建造 = Design and
Construction of Green and Livable Rural House /
"绿色宜居"村镇住宅建造技术体系研究课题组编著. —
北京：中国建筑工业出版社，2023.5
ISBN 978-7-112-28392-7

Ⅰ.①绿… Ⅱ.①绿… Ⅲ.①农村住宅—建筑设计②
农村住宅—住宅建设 Ⅳ.①TU241.4

中国国家版本馆CIP数据核字（2023）第033289号

本书根据调研及文献综述，研究村镇住宅现状，从村镇住宅的设计、建造基本需求特征出发，以绿色宜居为目标，通过"绿色宜居指数"模型搭建，探寻适合村镇住宅的设计和建造模式、关键性设计和建造技术清单、标准体系以及适合于村镇建造技术的数据库和线上建造技术咨询服务系统，来解决村镇住宅在设计和建造中出现的自主建造、弹性多变所导致的建造科学化、规范化不足的问题，同时降低新技术的门槛，提高建造的科学化和规范化水平。本书最后结合理论研究展开了绿色宜居村镇住宅的设计与建造实践。

本书可为政府部门研究制定绿色宜居村镇住宅建造相关产业发展战略、技术支持政策、建造管理要求、技术服务平台开发等提供理论支持和技术依据，也可为各类绿色宜居村镇住宅建设项目的投资主体提供决策理论指导，并可作为绿色宜居村镇住宅建造技术的研究与教学参考书。

责任编辑：陈 桦 王 惠 冯之倩
责任校对：姜小莲

绿色宜居村镇住宅的设计与建造
Design and Construction of Green and Livable Rural House
"绿色宜居"村镇住宅建造技术体系研究课题组 编著
*
中国建筑工业出版社出版、发行（北京海淀三里河路9号）
各地新华书店、建筑书店经销
北京雅盈中佳图文设计公司制版
北京云浩印刷有限责任公司印刷
*
开本：787毫米×1092毫米 1/16 印张：13 字数：239千字
2023年6月第一版 2023年6月第一次印刷
定价：**69.00**元
ISBN 978-7-112-28392-7
（40844）

编写组成员：

黄献明　袁　朵　赵　玫　李以通　夏晶晶　李志红

杨　雨　成雄蕾　胡英娜　马莹莹　朱　露　陈　晨

焦　燕　刘晓晖　王丽莎　袁　凌　任宝双　李洪刚

赵星辉　王　松　商海渝　杨永梅　翟婉如　杨思宇

本书资助项目："十三五"国家重点研发计划项目：村镇建设发展模式与技术路径研究

前　言

本书是"十三五"国家重点研发计划项目：村镇建设发展模式与技术路径研究——课题五"绿色宜居村镇住宅建造技术体系研究"（2018YFD1100205）的研究成果之一。由清华大学建筑设计研究院有限公司、北京理工大学、中国建筑技术集团有限公司、中国建筑设计研究院有限公司共同承担，黄献明为课题负责人。课题共包括4项研究子任务，其中子任务一：绿色宜居村镇住宅建造模式与技术体系构成机理研究，由黄献明、袁朵负责，李志红、马莹莹、刘晓晖、王丽莎、袁凌、任宝双、李洪刚等参与；子任务二：绿色宜居村镇住宅设计建造技术清单研究，由赵玫负责，杨雨、朱露、赵星辉、王松、商海渝、杨永梅、翟婉如等参与；子任务三：绿色宜居村镇住宅建造技术标准研究，主要由李以通负责，陈晨主要参与绿色宜居村镇住宅建造标准体系研究，成雄蕾主要参与绿色宜居村镇住宅围护结构关键指标研究；子任务四：绿色宜居村镇住宅建造技术咨询服务平台与数据库开发，由夏晶晶、胡英娜负责，杨思宇参与，焦燕进行指导。

基于以上课题研究，本书由"绿色宜居"村镇住宅建造技术体系研究课题组成员集体编写，其中：第1、3、8、9章由子任务一负责撰写；第2、4章由子任务二负责撰写；第5章由子任务一、子任务二共同撰写；第6章由子任务三负责撰写；第7章由子任务四负责撰写。

目　录

第 1 章

村镇住宅发展现状及
技术研究综述

1.1 我国村镇住宅发展现状

1.1.1 乡村振兴战略持续推进

2020年，我国脱贫攻坚战取得了全面胜利，并完成了消除绝对贫困的艰巨任务。在新的历史时期下，农业农村现代化规划启动实施，脱贫攻坚政策体系和工作机制同乡村振兴有效衔接、平稳过渡，乡村建设行动全面启动，农村人居环境整治提升，农村改革重点任务深入推进，农村社会保持和谐稳定[1]。

随着我国新农村建设系列政策的推进，农村经济得到快速发展，村镇面貌发生了巨大变化。村民的生活水平得到明显提高，居住条件也有了显著改善。然而目前我国农村自建房以砖混结构为主，这种结构虽然建造比较简单，但建筑保温隔热及抗震性差、施工时间长、环境污染严重，是全面推进乡村建设亟需解决的问题。同时村镇传统的建筑模式已经不能完全匹配振兴乡村的建设需求，因此，在全面推进乡村振兴的大背景下，探索新的村镇住宅形式，改善村镇居民的生活条件是当务之急。

1.1.2 劳动力老龄化问题严峻

受到早期人口政策的影响，近年来我国人口老龄化问题逐年加重，建筑工人的老龄化人口数量逐年攀升，建筑施工行业面临的劳动力短缺、用工难等问题亟待解决。

我国2014—2019年建筑工人年龄阶段的统计数据显示（表1-1），40岁以上的建筑工人呈现逐年增加的趋势，40岁以下的建筑工人呈现逐年递减的趋势。其中2019年40岁以上的建筑工人达到50.1%。目前，农民工的平均年龄为40.8岁，而且平均年龄也在逐年上升，逐渐向高龄化发展。根据目前我国老龄化以及建筑工人平均年龄逐年上升的趋势，在未来15年内，预计55岁以上的建筑工人将达到70%。

表1-1 2014—2019年建筑工人年龄构成

年龄阶段	2015 年	2016 年	2017 年	2018 年	2019 年
16~20 岁	3.7%	3.3%	2.6%	2.45%	2.0%
21~30 岁	29.2%	28.6%	27.3%	25.2%	23.1%
31~40 岁	26.9%	27.0%	26.3%	25.5%	24.8%
41~50 岁	22.3%	22.0%	22.5%	24.5%	25.5%
50 岁以上	17.9%	19.1%	21.3%	22.4%	24.6%

建筑施工技术从业人员趋于老龄化，主要受到两大方面因素的影响：首先，中国目前面临着劳动力短缺、适龄劳动人口数量减少的问题。中国社会科学院人口与劳动经济研究所和社会科学文献出版社发布的《人口与劳动绿皮书：中国人口与劳动问题报告No.19》指出，劳动力的无限供给，曾经是中国经济的一个重要优势，但进入21世纪之后，中国的劳动力供给结构发生了重大变化，适龄劳动人口数量减少已经成为各个行业面临的难题。其次，在互联网时代浪潮的席卷之下，年轻人对建筑施工工作较为排斥、认可度不高。建筑施工从业人员工作环境和生活环境危险、简陋，权益的保障有待提高，且不少人传统地认为建筑施工工人的社会地位较低，因而其吸引力逐渐降低。

1.1.3　建造人工成本持续上升

随着中国老龄化趋势加剧，用工荒将成为我国建筑施工行业最大的问题之一。可以预见，未来建筑施工行业内工人数量将会逐年减少，劳动力成本将会持续增长。

据统计，目前美国等发达国家建筑业人工费占工程总成本的比例高达40%~60%左右[2]。根据美国《工程新闻记录》（ENR）定期发布的数据，以1913 年基期指数 100计，2006 年的技术劳工指数为7273.97，建筑成本指数为4369.42，技术劳工指数年环比增长率 4.72%，高于建筑成本指数年环比增长率4.13%[3]。由于美国劳动力工资上涨的增长率每一年都要高于建筑成本的增长率，因此人工费占工程成本比重始终呈现上涨的趋势。

虽然目前我国人工费占比低于美国，但是由于劳动力老龄化程度在逐年增加，多地出现了用工荒、用工难的情况，建筑施工人工费也在快速上涨。根据各地区对于人工费在建筑成本占比的统计结果显示，近20年来，我国建筑人工费占建筑总成本的比例从10%上升到了30%，并且这个比例仍在持续上升。若继续使用传统的建造方式，建筑的建造成本将持续不断地增加。

1.1.4　建筑节能减排的要求加强

十九大报告指出，加快生态文明体制改革，建设美丽新中国。建设生态文明，是关系人民福祉、关乎民族未来的长远大计。面对资源约束趋紧、环境污染严重、生态系统退化的严峻形势，建筑节能环保方面的要求也理应进一步提高。但遗憾的是，目前我国传统的"粗放型"建造模式仍然较为普遍，过去传统建筑方式在建造过程中产生大量污染物，耗费能源巨大，导致生态环境严重破坏，资源能源利用低效[4]。

根据中国建筑节能协会发布的《中国建筑能耗研究报告2020》统计，2018年中国建筑全过程能耗总量为21.47亿tce，占中国能源消费总量比例为46.5%，碳排放总量为49.3亿t，占中国碳排放比例为51.3%[5]，其中建筑运行阶段碳排放占23%（图1-1）。

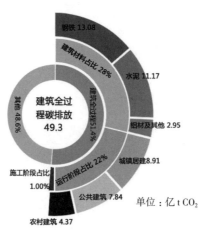

图1-1　建筑全过程碳排放和建筑全过程能耗

图片来源：中国建筑节能协会能耗统计专委会. 2018中国
建筑能耗研究报告[J].建筑，2019（2）：26-31.

在2021年全国两会中，"碳达峰"和"碳中和"被首次写入政府工作报告，二氧化碳排放力争于2030年前达到峰值，力争于2060年前实现"碳中和"。"碳达峰"是指二氧化碳排放总量在某段时间内达到历史峰值，期间碳排放总量依然会有波动，但总体趋势平缓，之后碳排放总量会逐渐稳步回落。"碳中和"指的是某个地区在一定时间内（一般指一年）人为活动直接和间接排放的二氧化碳，和通过植树造林等吸收的二氧化碳相互抵消，实现二氧化碳"净零排放"[6]。

"十三五"规划指出，我国民用建筑节能率要达到65%。我国建筑的节能要求经历了三个阶段，以1980—1981年的建筑能耗为基础，按每步在上一阶段的基础上提高能效30%为一个阶段。第一个阶段节能是在1980—1981年的基础上节约30%，为30%；第二个阶段是在第一阶段节能的基础上再节约30%，为50%；第三个阶段是在第二阶段节能的基础上再节约30%，也就是"十三五"规划中建筑节能要求65%。每个阶段都在前一阶段上增加了30%，因此可以推算出"十四五"规划的节能要求应为75%（表1-2）。

表1-2　预测"十四五"建筑节能要求

阶段划分	第一阶段 1986 年	第二阶段	第三阶段 （"十三五"规划）	第四阶段 （"十四五"规划）
建筑节能要求	30%	50%	65%	75%

目前我国农村地区普遍采用传统的砖混结构，占存量的95%以上，而传统的砖混结构在不额外增加保温材料的前提下，无法满足目前以及未来的节能要求，因此研发和推广新型的建筑结构体系刻不容缓。

1.2　村镇住宅建造技术研究综述

1.2.1　国外村镇建造技术研究

目前我国已步入全面建成小康社会、推进乡村全面振兴的历史新时期，提升乡村风貌，改善人居环境成为乡村振兴战略的重要举措之一。随着城镇化水平的推进，我国乡村经济水平有了极大的发展，村民对住宅的需求不仅是遮风挡雨，在功能、质量、环境品质以及形态上有了进一步需求。如何实现乡村住宅的绿色宜居是目前乡村住宅建造面临的重要问题。在城市化进程中，国外发达国家经济及技术水平优于我国，并且在乡村住宅建造方面有一定的探索和发展经验，因此研究国外乡村住宅建造模式经验，对我国乡村住宅建造模式的研究具有一定的借鉴意义。

基于知网文献数据库平台进行"农村""住宅""建造""模式"主题检索分析，共检索出2000—2021年1782篇文献，其中学术期刊107篇，学位论文1669篇，会议4篇。对检索出的文献进行可视化分析（图1-2~图1-4），得出我国关于农村住宅建造模式的研究层次主要集中在技术研究、工程研究、应用基础研究以及政策研究几方面。研究主题聚焦在模式、策略研究、新农村建设、设计、产业化、围护结构、建筑材料、人居环境等方面。基于上述研究成果的研究主题及研究层次，本文从政策环境、建造流程、结构体系、围护结构以及设备部品等方面对国外乡村住宅的建造模式进行研究。

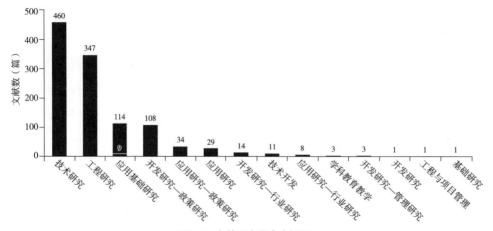

图1-2 文献研究层次分析图

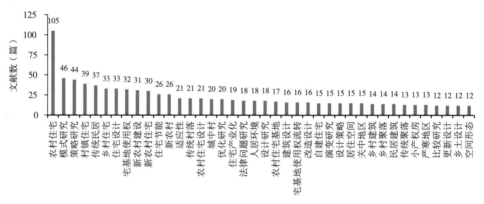

图1-3 文献研究主题分析图-1

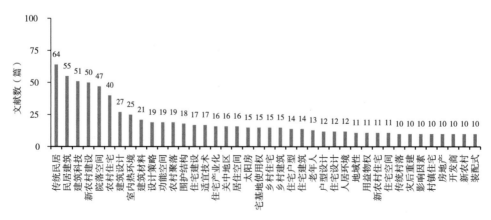

图1-4 文献研究主题分析图-2

基于知网数据库平台采用句子检索的方式，在"农村、住宅"的基础上，分别以国外发达国家"美国""英国""法国""德国""瑞士""澳大利亚""日本""韩国""新加坡"和"农村"为关键词在建筑科学与工程学科领域进行检索，由涉及关键词相关内容的发文量（图1-5）分析可得，美国、德国以及日本在乡村住宅研究方面具有一定的影响力，我国现有文献对美国、德国以及日本农村住宅的关注度较高，且这三个国家分别代表了北美、欧洲以及亚洲的发达国家，因此本文以美国、德国和日本为研究对象，探索以上三个国家农村住宅建造的模式和经验。

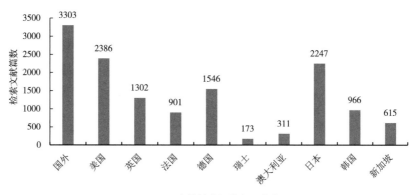

图1-5 文献检索词发文量分布

（1）美国农宅建造模式

目前，美国乡村及城镇住宅普遍为1~2层的独立住宅，这与美国各地的政策和主流建造技术密切相关。在美国，住宅建造没有统一的国家建筑法规，由各州政府自行决定州内的建筑技术法规，乡村住宅的建造需要优先满足各州制定的区划法规，类似于我国的控制性详细规划要求。区划法规规定了区域的用地性质、建筑高度、停车数量、建设类型等内容。各州对独立住宅区、多户住宅区及商业区的要求不尽相同。对于不超过2~3层，且采用常规结构的自建住宅，大多数州政府无相关设计资质等的要求，仅对其是否符合区划法规等进行审查[7]。而对于低层到中层的多户住宅建造，大多数州政府主要依据ICC（国际规范理事会）发布的国际建筑法规IBC、国际住宅法规IRC、国际防火法规IFC以及ASHRAE标准，结合本州的气候、市场及政治环境等因素制定本州的建筑法规以及所采用建筑法规的版本。各州采用的建筑法规和标准主要对住宅的安全、抗震、结构、防火、管道、环境、采光、采暖、无障碍、节能、可持续、场地、防潮、隔声、通风、卫生、排水、废弃物处理、热能装置、有毒物质、楼梯坡道等进行约束和要求[8]。

木结构是美国的传统建筑结构形式，最初是由欧洲移民引入，在林木遍布的北美地区，为木结构住宅建筑的产生和发展提供了基础条件。美国木结构房屋发展经历了19世纪初的木框架房屋到19世纪80年代的气球框架房屋以及20世纪早期的平台框架房屋。木屋的结构形式从重型的梁柱框架转到轻型木材墙骨，从连续构件到模数化的轻型构件，美国现代轻型木屋结构体系逐渐形成。

由于美国林业资源比较丰富，并且经过发展在国内市场已经形成了供求闭环，木材从种植到砍伐及加工使用都有相关标准可循，同时木材价格相较砖、混凝土便宜，建造结构灵活，施工简便，节能环保等大大促进了木结构的发展。根据美国人口调查局数据统计，2020年新建独栋住宅912 000栋，约91%的住宅采用了木结构。美国现代轻型木结构，普遍采用2×4工法建造，以2英寸×4英寸（5.08cm×10.16cm）的断面木材做框架，柱间距一般为16英寸（40.64cm），壁面覆盖的木板通常为4英寸（10.16cm）或16英寸（40.64cm）倍数的整体面板，整体面板的应用可使房屋具有良好的气密性和热阻断性，在北美以及欧洲地区应用较为普遍。除了木框架和内外墙体面板外，外墙通常还设置有外覆盖层、通风隔汽层、防水防潮层和保温层。美国独栋住宅外墙覆盖层种类比较丰富，常见的有砖、木材、灰泥、乙烯基壁板、水泥纤维等，根据美国人口调查局和住房与城市发展部门数据统计显示，2010—2020年，独栋住宅外墙饰面主要以乙烯基壁板、灰泥、砖为主，约28%的住宅外饰面采用了乙烯基壁板。乙烯基壁板颜色丰富，耐候性能好，价格便宜，因而在美国住宅中的使用率较高。住宅中常用的保温材料有玻璃纤维、纤维绝热材料、泡沫塑料、矿物棉、天然纤维、隔热棉等，其中以纤维绝热材料及泡沫塑料的经济和性能较好，应用最为广泛。保温层外侧通常铺设防水隔潮卷材，外墙壁板与防水隔潮卷材之间形成空气间层，空气流通起到防潮和降温作用。部分住宅构造在内墙板与保温材料间也会铺设一层防水隔潮卷材，确保室内居住的防水防潮性。内外墙板材料主要为刨花板、纤维板以及石膏板。

美国乡村住宅屋面覆盖物主要有沥青瓦屋面、陶瓷瓦屋面、石板瓦屋面、木瓦屋面、水泥瓦屋面以及金属屋面，其中沥青瓦屋面是美国住宅最常见的覆盖材料，价格经济，安装方便，且防水性能较好。

美国住宅外窗形式主要有提拉窗、推拉窗、悬窗、平开窗等，主要的窗框材料有木材、复合木、乙烯基、铝等，应用较为广泛的为乙烯基窗框。在美国住宅通常采用提拉窗的形式，这种形式气密性较好，开启灵活，安全性较高。美国住宅外窗以双层中空提拉式窗为主。

根据美国人口调查局网站数据显示，2018—2020年已完成独栋住宅中自建住宅占比仅为6%，多数为开发商和承包商建造。住宅的建造主要经历浇筑地基，搭建主体框架，拼接墙体，安装门窗及管线设备，填充保温材料，铺贴防水隔汽膜，以及安装外墙及屋面覆层材料等过程。美国乡村住宅从场地平整到住宅外饰面装修完毕，约持续4~6个月的时间。美国住宅产业化程度很高，构件和部品基本上已经实现了标准化、系列化、专业化、商品化、社会化。除工厂生产和成套供应木骨架结构的预制构配件外，其他构配件、板材、室内外装修、设备产品十分丰富，品种达几万种，通用性好，并且美国对于各个结构体系建造提供相对应的设计指南和建造手册，供住户或承包商参考使用。

（2）德国农宅建造模式

德国的建筑法律法规具有多层级的特点，不仅要遵守欧盟相关要求，还要遵守德国联邦国家层面的要求，同时要满足各州级的建筑法规和建筑技术规定[9]。德国各州的建筑技术规范涵盖了建筑的设计、安全、健康、防火、建筑技术、建筑产品性能、建筑审批及管理等方面的要求。

受到北德寒冷的气候影响，目前德国乡村住宅建造大量采用砌体结构。德国是全世界灰砂砖生产和使用最先进的国家，砌体结构、墙体材料多采用灰砂砖砌块。灰砂砖在保温、隔声和防火性能方面较黏土砖、烧结砖具有明显的优势，尤其是随着大型灰砂砌块技术的发展，减少了砌筑砂浆，提高了砌筑精度以及施工效率，是替代烧结砖及黏土砖的理想材料[10]。在德国外墙主要采用夹心墙的构造做法，从外到内依次为非承重黏土砖、保温层、灰砂砖或加气混凝土砌块。德国住宅非常重视建筑的保温性能，外墙通常设置较厚的保温层，保温材料一般为岩棉、玻璃棉、XPS保温板、EPS保温板以及多孔保温砖。

为应对多雪气候，降低屋面承载负荷，德国乡村住宅屋面形式以坡屋面为主，且坡度普遍较大。在德国部分地方的法律法规要求住宅采用坡屋面形式，并规定屋面坡度和所用材料。德国住宅屋面主要采用木框架结构，通常由屋面覆盖层、通风层、防水防潮层、屋面外衬板、屋面骨架、保温层、屋面内衬板、装饰层构成。

德国住宅通常采用三玻两腔保温断桥铝或木包铝门窗，散热可以减少至10%~20%，窗户可选用平开悬窗，这种窗户密封性能更好，且可应用于较大面积的窗洞。

2017年德国联邦统计局统计审批通过住宅建筑的数据显示，采用木结构体系的住宅数量仅次于砌体结构体系，并且约81.69%的木结构住宅采用了装配式进行建造。德国是世界装配式建筑产业发展最全面的国家之一，装配式住宅产品体系发展非常完善，住宅结构构件、内隔墙板、外挂板、阳台等构件已进入标准化、模块化、通用化生产，并且将装配式建筑设计体系纳入德国的工业标准，实现了部品尺寸、连接的标准化[11]。德国的住宅地基多采用混凝土筏型基础浇筑，并设置有地下室，地上主体框架采用预制构件搭建，建筑的屋顶、梁柱、墙体等构件一般在工厂预制，在施工现场吊装拼接，一套房屋的主体搭建约3~5天即可完成。主体搭建完成后可进行屋顶组装，太阳能、新风系统、供暖设备及管道铺设、电力系统、保温系统和装修装饰等部分可同时进行施工，住户一个月内基本可入住新房，装配体系显著提升了建造速度，降低了施工成本。

（3）日本农宅建造模式

日本约40%的人口居住在乡村，乡村面积达到国土总面积的97.2%，因此乡村的各个方面均在日本的经济、资源、环境中占据着十分重要的地位。日本乡村住宅在半个多世纪的农村居住和生态环境整治过程中，非常注重节约和节能性能，同时在建筑形态及建造技术方面更加注重文化传承，形成了富有特色的农村住宅[12]。日本的建筑技术法规是由建筑基准法、配套的政府令、地方法规以及行业标准构成的，其中建筑基准法是日本的主要建筑法律文件，建筑基准法由总则、建筑规范以及规划规范组成，其中建筑规范规定了结构设计、防火安全、建筑设备等技术性要求。《建筑基准法实施令》是日本制定发布的更为全面具体的管理规定和技术规定。除建筑基准法外，国家还制定了防火安全、结构安全、无障碍、节能等方面的法律文件约束建筑的建造[13]。日本是地震灾害频发的国家，抗震是当地住宅在建造时首要考虑的因素之一，此外住宅的"防火性能""吸声隔声""保温隔热""防水隔潮""节能环保""空气清新""健康舒适""设施配套""宜居实用""维护简单""运行经济"等均作为住宅性能的评价要素。

木结构是日本传统住宅结构形式之一，据日本木材出口协会数据统计，日本的独立住宅约85%为木结构[14]。日本林木资源非常丰富，同时也是地震频发的国家，木结构较钢结构及钢筋混凝土结构质量轻，并且木材具有一定的柔韧性，在地震强度较大时，能将地震压力进行释放，结构不易被摧毁。近年来，日本国土交通省和林野厅等部门通过逐年颁布木造住宅振兴政策来促进木结构住宅数量，日本国土交通省还设立了"国土交通省住宅局住宅生产科木造住宅振兴室"来推广木结构住宅建造，日本建筑的木造技术发展十分成熟。

日本木结构体系主要分为在来工法和枠组壁工法。在来工法是目前日本应用最为广泛的工法，在来工法建造的住宅空间的尺寸布局一般较为自由，是在传统的木梁柱框架结构的基础上改进而来，在木结构承重框架系统中节点位置采用现代技术钢制连接件进行连接。枠组壁工法即北美轻型木结构（2×4）的施工方法，枠组壁工法房屋的受力构件为整个壁面，因此防台风以及抗震性能均有极大的提升。日本住宅木结构外墙构造与美国木屋非常类似，除木框架和内外墙体面板外，设置有防火层、防水防潮、通风隔汽层、保温层等。日本对木造墙体的防火非常重视，日本所有的木造外墙都必须通过消防检查，并且对容易造成火势蔓延的区域，禁止采用纯木外墙。日本住宅常见保温材料为玻璃纤维、泡沫板、聚氨酯泡沫等。日本乡村住宅外墙窗户以铝合金单玻窗为主，外墙开窗面积较小，以减少热量散失。

日本传统住宅屋面与美国住宅屋面具有明显的差异，日本住宅屋面一般设有两道通风层，一道通风层位于保温层内，与外墙的通风间层连通，另一道通风层位于屋面保温层与屋面外衬板之间，两道通风间层最终与屋脊的通风排气构造连接，将间层内的热量及水汽带走，实现夏季通风换气和降温作用。日本住宅屋面通常采用双面铝箔覆面硬质聚氨酯泡沫保温板进行屋面的保温隔热。

由于地震频发，日本木结构建造非常重视住宅的安全性能，木结构住宅底层采用钢筋混凝土浇筑，并且在建造初期通常会对地面土壤的承载能力进行测量，在测量数据符合建房标准后再进行基础建造。木结构住宅的造价一般为88万日元/坪（含税）～110万日元/坪（含税）（一坪约为3.33m^2），相较于钢筋混凝土结构 [约为150万日元/坪（含税）] 具有显著的价格优势，这也是木结构住宅被广泛建造的主要原因之一。

20 世纪 60 年代初期，日本为应对住宅数量剧增，技术人员不足的问题，日本住宅部品开始实行部件化、批量化生产的一体化流程，来简化施工过程和提高住宅室内装修的效率和质量。1969年随着《推动住宅产业标准化五年计划》的政策开展，日本住宅部品在性能测定、等级标准方面都有了比较严格的规定，使得住宅在部品的构件、制品设备尺寸和功能标准方面均已成体系。例如卫生洁具，如浴缸、坐厕、洗脸盆，包括地板、墙面等都可由一个整体部件安装而成，并且这些部品可采用复合塑料材料在工厂集成生产，精细化和工业化程度非常高。

（4）小结

基于实践活动的三个基本要素：活动主体、活动客体、活动中介，美国、日本、德国的乡村住宅建造模式可归纳为表1-3：

表1-3　国外乡村住宅主要建造模式

建造模式		美国	日本	德国
活动主体		自建，开发商，开发商为主	自建，开发商，自建为主	自建，开发商，自建为主
活动客体		1~2层独立住宅为主	2~3层为主的一户建	2~3层为主，一般含有地下室
活动中介	建造法规	各州建筑法规	建筑基准法实施令	联邦法规 各州建筑法规
	建筑结构	轻型木结构为主	木结构为主	砌体结构为主
	建筑材料	主体结构：木材，刨花板，纤维板及石膏为主 屋面结构：木材，沥青瓦，石板瓦，水泥瓦，金属为主	主体结构：木材，刨花板，石膏板等为主 屋面结构：木材，合成树脂，沥青瓦，金属为主	主体结构：砌块，木材为主 屋面结构：木材，黏土瓦，石板瓦，混凝土瓦，沥青瓦，金属为主
	建筑构造	外墙：木框架通风保温墙构造 屋面：木桁架保温构造	外墙：木框架通风保温墙构造 屋面：木框架通风保温构造	外墙：夹心保温砌体构造 屋面：木桁架通风保温构造
	施工方式	木结构主体框架现场拼装施工为主	木结构主体框架现场拼装施工为主	砌体结构现场砌筑施工为主

结合上文的国外乡村住宅建造模式，对标我国目前乡村住宅发展现状，得到以下启示：

（1）乡村住宅法规、标准亟待完善。我国乡村住宅建造目前多为自主建造，规划无序，施工粗放，无相应建造标准体系的约束，建筑的防火、抗震等安全性能缺乏保障。在新农村建设过程中，乡村住宅应发展基本的法规、标准来对住宅进行约束，以保障住宅的基本安全性能。

（2）乡村建造技术体系的更新缓慢。目前，我国乡村住宅与国外乡村住宅建造的最显著的差异之一是国外乡村住宅建造非常注重保温隔热性能，而目前我国乡村住宅绝大多数为砖混结构，缺少保温体系，在寒冷的冬季以及炎热的夏季，住宅的外墙、屋面的冷热辐射强烈，同时缺少其他保温隔热措施，居住舒适性较差。我国乡村住宅建造多以自建为主，建造工匠和建造技艺依靠传统经验，新技术更新较慢，其是除经济水平限制外的另一重要制约因素，因此应加大乡村工匠技艺的培训，提升乡村住宅建造技术水平，同时应注重我国乡村建筑传统生态技术的传承和革新。

（3）乡村住宅产业化发展潜力巨大。国外住宅产业化发展较为成熟，形成了相应的标准化，其住宅质量高、成本低、建造时间短。乡村住宅产业化发展有助于提升我国乡村住宅建造质量和降低建造能源消耗。目前，我国住宅产业化发展较为滞后，但我国广大乡村住宅建造空间尺寸遵循模数制，区域建筑的地域特征相对一致，一定区域内建造工法相对统一，通过对区域传统建筑的调研及归纳，发展区域建筑尺寸、特征元素、建造工法的标准化，可有效兼顾地域特征与产业化发展，区域性的产业化建造在我国农村地区具有较大的推广和发展潜力。

1.2.2 我国农宅建造技术研究

（1）我国村镇建造技术相关基金课题立项综述

本文分别对近十年来国家自然科学基金、国家社会科学基金、国家科技支撑计划等重要基金课题进行检索，查找与村镇建设相关的课题立项，共计约70余项。"十一五"国家科技支撑计划课题相关立项30项，"十二五"国家科技支撑计划课题相关立项23项，2011—2019年间国家社会科学基金课题相关立项11项，2011—2019年间国家自然基金课题相关立项8项（表1-4~表1-7）。

表 1-4 "十一五"国家科技支撑计划相关项目汇总表

1	农村住区规划技术研究
2	历史文化村镇保护规划技术研究
3	村镇住宅土地利用分区管制技术研究
4	不同地域特色村镇住宅建筑设计模式研究
5	村镇住宅建筑设计模块化技术与软件开发
6	住宅结构与构造选型设计技术与软件开发
7	村镇住宅设备标准化设计技术与软件开发
8	村镇住宅建筑产品与构配件应用技术及其数据库系统开发
9	村、乡及农村社区规划标准研究
10	村镇住宅建筑设计标准研究
11	村镇住宅施工验收标准研究
12	住宅节能技术标准研究
13	住宅建筑综合防灾标准研究
14	土地规划实施监管标准研究
15	农村住宅规划建设技术标准推进工程与政策体系研究
16	村镇规划与节地技术标准模式集成示范研究
17	历史文化村镇保护规划技术标准模式示范研究
18	国家重大工程移民搬迁住宅区规划设计技术标准集成与示范
19	村镇住宅节能技术标准模式集成示范研究
20	村镇规划基础信息获取关键技术研究

续表

21	村镇土地评价分析系统开发
22	村镇建设规划与土地规划关键技术研究
23	村镇基础设施配置关键技术研究
24	小城镇产业布局分析系统开发
25	村庄整治关键技术研究
26	村镇空间规划技术集成与标准规范研究
27	珠三角村镇土地优化开发技术研究
28	长三角村镇土地规模利用技术开发
29	环渤海新兴工业区空心村再生技术应用研究
30	成都平原城乡用地协同调控系统开发与示范

表1-5 "十二五"国家科技支撑计划相关项目汇总表

1	村镇环境监测与景观建设关键技术研究
2	村镇区域空间规划与集约发展关键技术研究
3	村镇建筑节能与抗震关键技术研究与示范项目
4	村镇功能型建筑材料研发与集成示范
5	村镇环境综合整治重大科技工程
6	成渝城乡统筹区村镇集约化建设关键技术与示范
7	严寒地区绿色村镇建设关键技术研究与示范
8	村镇宜居社区与小康住宅重大科技工程
9	村镇规划和环境基础设施配置关键技术研究与示范
10	村镇综合防灾减灾关键技术研究与示范
11	城郊美丽乡村集约规划建设技术集成研究和装备研发
12	休闲旅游类城郊型美丽乡村建设综合技术集成示范
13	产业延伸升级类城郊型美丽乡村建设综合技术集成与示范
14	绿色农房适用结构体系和建造技术研究与示范
15	传统农房建造技术改良与应用示范
16	绿色农房配套设施优化配置关键技术研究与应用示范
17	绿色农房气候适应性研究和周边环境营建关键技术研究与示范
18	村镇环境监测整治技术成果集成应用研究
19	村镇小康住宅设计建造技术成果集成应用研究
20	村镇适宜建材及产业化技术成果集成应用研究
21	村镇居民安全健康保障技术成果集成应用研究
22	村镇建设适用技术综合集成研究与信息平台开发
23	长三角快速城镇化地区美丽乡村建设综合技术示范

表1-6　2011—2019年国家社会科学基金相关项目汇总表

1	陕西重大景观规划设计与人文精神
2	节约型社会住宅空间的低碳设计创新与实践
3	绿色设计与可持续发展研究
4	基于地域文化保护与发展的可持续建筑集成设计方法与应用研究
5	城镇化进程中我国传统村落风貌保护规划的"生态协同"研究
6	海南黎族传统村落民居的保护性设计研究
7	现代审美语境下中国古村落传承与发展研究
8	新型城镇化背景下的传统村落民居的保护性设计研究
9	城镇化进程中江南"非典型古村落"空间环境的文化传承与发展路径研究
10	新城镇化建设下西南民族地区传统村落文化保护研究
11	"特色小镇"建设与传统村落文化传承发展研究

表1-7　2011—2019年国家自然科学基金相关项目汇总表

1	基于建筑物理性能的夏热冬冷地区绿色农宅建筑设计策略研究
2	长江三角洲地区低碳乡村人居环境营建体系研究
3	寒冷气候区低能耗公共建筑空间设计理论与方法
4	北方既有住区建筑品质提升与低碳改造的基础理论与优化方法
5	我国住宅建筑日照标准、居住区环境改善、土地集约利用和城市生态效益四者关系研究
6	绿网城市理论及其实践研究
7	城乡混合态下发达村镇低碳社区的要素组构、绩效解析与营建导控研究：以浙江为例
8	我国乡村人居空间的差异性特征和形成机理研究

　　国家科技支撑计划课题项目中研究热点是村镇建设、住宅建筑、建造技术等，约占课题项目总数的85%。绿色农房、村镇节能、美丽乡村等研究项目占比较低，约为15%（图1-6、图1-7）。

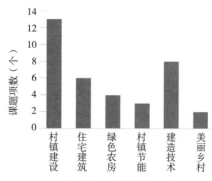

图1-6　国家科技支撑计划课题项目统计

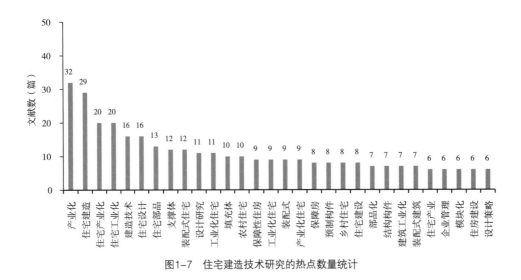

图1-7　住宅建造技术研究的热点数量统计

　　住宅建造技术研究热点主要体现在农村住宅节能、住宅设计、新农村住宅建造、改造等方面，充分体现出农村住宅建设过程中遇到的诸多挑战及其急需解决的紧迫性（图1-8）。

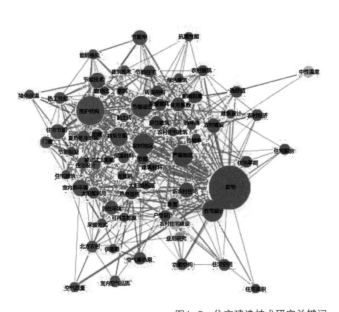

排名	关键词
1	农村住宅
2	围护结构
3	住宅设计
4	住宅建设
5	劳动者
6	住宅节能
7	严寒地区
8	节能设计
9	室内热环境
10	新农村建设
11	农村住宅建筑
12	寒冷地区
13	建筑节能
14	新农村
15	夏热冬冷地区
16	节能改造
17	节能技术
18	村镇住宅
19	太阳能
20	体形系数

图1-8　住宅建造技术研究关键词

（2）我国村镇建造技术研究的基本特征分析

国内建筑科学对村镇住宅的研究比较广泛，其中室内热环境、节能、围护结构、户型设计、太阳能、装配式是几个主要的关注点（图1-9）。对于村镇住宅建造技术的研究主要包括两个方面：整体策略和具体技术（图1-10），其中具体技术又以节能及热环境相关技术的研究占比最大，且主要集中在严寒地区和寒冷地区，从关键词分析图来看围护结构是其关键因素（图1-11）。

图1-9　2009—2019国内"村镇住宅"相关研究关键词共现

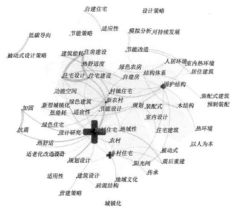

图1-10　2009—2019国内"村镇住宅建造技术"相关研究关键词共现

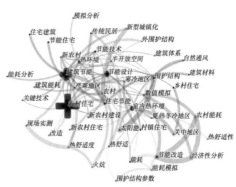

图1-11　2009—2019国内"村镇住宅节能"相关研究关键词共现

在研究地域的分布上，北方严寒地区和寒冷地区对村镇住宅的相关研究较多，研究机构以西安建筑科技大学（西北、华北地区）、哈尔滨工业大学（东北地区）尤为突出；其他区域文献数量比较均衡（图1-12）。

（3）我国村镇建造技术研究重点课题与示范项目

从公开发表的文献中，提取2000年以来我国村镇住宅领域重要的科研课题和示范项目，并按照气候分区和时间顺序进行整理（表1-8）。总体而言，北方严寒地区和寒冷地区的相关科研课题和示范项目数量较多，研究重点主要集中在平面

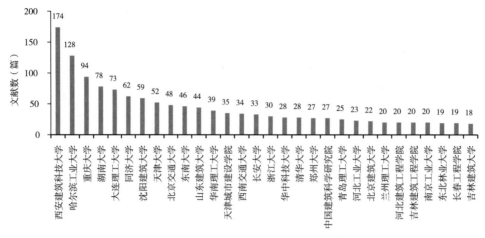

图1-12 2009—2019年国内"村镇住宅"研究机构分布

优化设计、围护结构热工性能、乡土建材和构造的改良、太阳能利用、采暖系统优化等方面；此外，轻钢结构体系在示范性项目中应用广泛。南方的相关课题，特别是示范性项目较少，侧重点在乡土建材和构造的改良、传统建筑风貌和技艺的继承、自然通风、既有建筑改造、自发建设等方面。

此外，早期有一些中外合作的示范项目，引进了国际水准的设计理念和技术，但是实际效果欠佳，没有得到推广。究其原因，一方面是规划设计未能有效地和项目所在地农村的实际需求对接；另一方面则是我国农村经济发展水平和资源禀赋尚不能支撑这些先进理念和技术的应用。这些问题也得到后续研究者的高度重视，并在我国自主的研究课题和示范项目中普遍得以改进。

表1-8 2000—2019年国内重要的村镇住宅研究课题和示范项目

分区	项目名称	建成年份	依托课题	研究机构/个人	应用技术	效果实测和评价
严寒地区	辽宁本溪黄柏峪村	2006	中美可持续发展示范村	麦克唐纳咨询机构（美）	统一规划、集中建设，采用当地可再生建材，太阳能光电，草砖墙体，秸秆气化站	村地分离、文化差异导致建成后未入住，项目失败
	沈阳建筑大学芬兰木屋[15]	2009		沈阳建筑大学，芬兰坦佩雷应用技术大学	功能空间紧凑合理，控制体形系数；适宜窗墙比，提高均匀照度；热桥处理，高性能门窗；300mm厚木材外墙，内外保温层中间设隔汽层；坡屋顶夹层保温隔汽；雨水回收，太阳能利用，新风热回收	芬兰生态环保技术与我国适宜性技术的结合

续表

分区	项目名称	建成年份	依托课题	研究机构/个人	应用技术	效果实测和评价
严寒地区	哈尔滨通河县浓河镇富强村经济节能示范住宅[16]	2010	"十一五"国家科技支撑计划资助项目（2006BAJ04A03-02）	哈尔滨工业大学	优化平面布局，厨房和卫生间布置在北向，成为南向卧室的防寒空间；控制体形系数到 0.447，比传统农宅降低 1/3 左右；轻钢结构体系，墙体采用外挂机制纸面稻草板，内敷岩棉；顶棚为木屋架、120mm 膨胀珍珠岩保温层加石膏板吊顶；火炕+火墙+大锅灶一体化采暖	建筑造价为 625 元/m²，具有低能耗、低技术、低成本的特点。能源消耗少，仅适用少量柴薪即可满足采暖需求
	扎兰屯卧牛河镇移民新村[17]	2014	国家自然科学基金项目（51378136）	哈尔滨工业大学	优化建筑形态、减小体形系数；高性能外围护结构体系：复合夹心墙体（k=0.38W/m²·k）、复合保温屋顶（k=0.35W/m²·k）、双层金属保温门窗；火炕+地板辐射采暖	应对极寒气候的低能耗、高舒适村镇住宅
寒冷地区	黄土高原新型窑居建筑住宅延安枣园村示范基地[18]	2004	国家自然科学基金	西安建筑科技大学	窑居与阳光间、宅院相结合的新窑居空间形态；针对不同户型分别采用直接受益式、集热储热墙、附加阳光间式以及组合式被动太阳能采暖；太阳能热水；地窖新风预处理、风压和热压通风；双层保温隔热窗；多功能、多样化窑顶绿化及新型防水技术；有序排放和处置废弃物，天然石材	探索并形成了新型绿色窑洞居住模式、设计理论和方法、绿色性能与物理环境评价指标体系
	河北定州地球屋 002 号、河南兰考 003 号	2005	晏阳初乡村建设学院生态示范农宅	谢英俊	轻钢结构，秸秆/夯土混合围护结构，竹皮编制内隔墙，C 形钢+竹筏楼板	具有一定实验性
	宁夏银川碱富桥村示范项目[19]	2008	"十一五"国家科技支撑计划示范项目	西安建筑科技大学	紧凑布局，北向"温度缓冲区"，南向主要功能空间；阳光间；太阳能热水，压制草砖作为墙体保温材料；沼气池；家用燃煤炉和铸铁散热器	830 元/m² 造价偏高；储藏粮食空间不足；草砖原材料短缺、工艺待提高；施工水平低；沼气闲置
	甘肃会宁、定西新型夯土示范民居[20]	2012	国家科技支撑计划资助项目2012BAJ03B04-2	西安建筑科技大学、国际生土建筑研究和应用中心	通过改良夯土工艺和材料，结构安全性和耐久性得到很大提升；阳光间；秸秆复合保温屋面、单框双玻木窗、秸秆复合木门、炉渣保温地面等就地取材的改良围护结构	就地取材，简单易学，性能优良，综合造价（800 元/m²）为当地常规砖混民居的 2/3
	北京市石城镇石塘路新农村建设项目	2013		中国建材集团北新房屋有限公司	轻钢结构，紧凑合理可变的户型设计，传统元素"吊炕"的改良应用；双保温+双隔层节能墙体，达到节能 75% 标准，抗震 9 度设防	性能好，标准化、工业化程度高，1 个半月完成粗装修

分区	项目名称	建成年份	依托课题	研究机构/个人	应用技术	效果实测和评价
寒冷地区	邹城大束镇侯家洼社区农宅[21]	2016	十二五国家科技支撑项目	东南大学	（工字钢或方钢）钢结构+轻质蒸压加气混凝土板材（ALC）围护结构体系	工业化程度高，适合于大规模建设以降低成本，现场焊接、灌浆降低了施工效率
	新建吐鲁番市英买里村新型生土示范民居	2016		西安建筑科技大学，吐鲁番规划局	混凝土框架承重+厚重生土围护结构；机制秸秆—改性生土复合墙体；气候缓冲区式设计：封闭式庭院布局，太阳房，高棚架，半地下室利用浅层低温地热，屋面晾房设置为通风井形成烟囱效应加强夏季通风	机制土坯砖又大又重施工难，强度和耐久性有待进一步提高[22]；实测表现出良好的冬夏室内热环境[23]
	北京沙岭新村农宅被动房示范项目	2017		住房和城乡建设部科技与产业化发展中心	按被动房标准设计建造：高性能外围护结构系统；新风热回收系统；燃气壁挂炉+地暖采暖	冬季室温保持在20~21 ℃，湿度50%~60%，舒适度较高[24]
其他地区	贵州新镇山绿色住宅示范工程	2007	"十五"科技攻关项目	天津大学，柏林工业大学	当地传统建材及构造的改良利用，雨水收集，自然通风采光及模拟计算；沼气	造价昂贵或难以操作的洋理念、高技术在农村不适用，经济水平制约建造水平[25]
	四川茂县杨柳村灾后重建项目	2009		谢英俊	轻钢结构体系，围护结构就地取材，协力互助、低成本、施工周期短、低生态影响、较强的地域适应性	10个月完成500套农宅建设，加强了灾区居民凝聚力
	浙江安吉生态屋（1~4号）[26]	2005—2012		任卫中	本土材料和技术的运用和改良，如木结构、夯土、卵石、竹木、轻质黏土（隔墙、楼屋面）等围护结构；江南传统建筑元素（天井等）、阳光间（走廊）	热工性能较好，舒适度高于普通农宅。造价较低，含简单装修400元/m²
	湖北谷城堰河村生态住宅	2009/2011	"十一五"支撑课题"山区住宅建造施工技术集成应用"	北京绿十字NGO，华中科技大学	由农户、施工队、村委会、农民组织等内部参与方和政府、企业、NGO、金融机构等外部参与方共同构成的绿色农房建设伙伴关系模式；抗震节能农宅；毛石基础灰渣砖，被动节能技术	严格规划，合作建设，激励措施，绿色建材，循环经济，舒适性高，建筑节能率58%；风貌特色显著[27]

第 2 章

村镇住宅产业化发展的
基本趋势

2.1　住宅产业化的定义

住宅产业化是采用工业化的方式建造住宅，是将住宅的设计、构件部品的生产、建造施工、销售和售后服务等全过程形成一个完整的产业链。住宅产业化能够使粗放的建造方式转型升级，走集约化、精细化的道路。住宅产业化是以科技进步为核心，提高科技对住宅产业的贡献率，通过住宅的标准化设计和工业化生产，新技术、新材料、新工艺、新设备的应用，使住宅建造水平和质量稳步提升，实现绿色可持续发展。

住宅产业化的核心是标准化设计、工业化生产、装配化施工、信息化管理。将住宅建设全过程的开发、设计、生产、施工、管理等环节连接为完整的产业链，实现住宅建造的工业化、集约化和社会化。

2.2　村镇住宅产业化发展的国际经验

西方发达国家的装配式建筑体系已经趋于成熟和完善。其中，法国、瑞典、丹麦、美国、日本、新加坡等国家的装配式住宅建筑体系最具典型性。

美国出台了《国家工业化住宅建造及安全法案》及其相应的配套规范，对装配式建筑工程中的应用进行指导。

德国已经形成了强大的预制装配式建筑产业链，能够很好地实现建筑结构与水暖工程的有效配套，并且有多所高校和研究机构等对装配式建筑技术进行不断研究，已经能够超越固定模数尺寸的限制，取得了较好的节能减排效果。德国大板技术逐渐被叠合板混凝土剪力墙结构体系取代。近几年开始关注建筑能耗问题，提出发展零能耗被动式建筑。目前，德国的装配式建筑与被动式建筑已经充分融合。

法国装配式结构以混凝土结构为主，钢结构和木结构为辅。

瑞典发展大型混凝土预制板工业化体系，大力发展以通用部件为基础的通用体系。

日本政府制定了一系列政策和法律文件支持住宅产业的发展，并且鼓励企业不断创新技术和制定模数标准，推动日本住宅产业从标准化、多样化、工业化向集约化、信息化方向发展[28]。日本目前已有成熟的住宅部品系统，并建立了一系列标准化、通用化的住宅部品开发、生产供应链。同时，日本等经济发达国家还具备完善的现场施工技术和管理体系，模板的设计和制作都形成独立行业，并配有专业的部品运输、安装、维修服务，可以系统且快速地完成部品从设计生产到落地安装的全过程。

国外住宅产业化的广泛发展离不开政府、科研机构、设计单位、生产厂家、施工单位等的共同配合，国外还在政策制度、标准规范、产品研发及标准化、系列化、通用化生产等方面做了很多努力，这些方式方法对我国在村镇地区推广新型住宅有非常大的借鉴意义。本章将深入研究国外村镇住宅产业化的推广和应用经验，为我国村镇住宅产业化的发展提供借鉴。

2.2.1　政策与扶持

国家政策的颁布可以推动结构体系的产业化发展。产业化的不断推进，离不开政策法规的支持。例如日本、美国、加拿大都颁布过促进木结构产业化发展的政策和规范。

在美国发展木结构初期，旧金山颁布城市法令，禁止搭建帐篷，要求建造木结构房屋，木结构房屋需求量激增。可见国家政策是推动木结构发展的必要条件。加拿大不仅发展了木结构建筑技术，而且对于木结构标准规范十分重视（表2-1）。不列颠哥伦比亚省政府率先于2009年修订了省建筑规范，将轻型木结构建筑的层高限制由原先的4层放宽到6层，这一举措大大拓展了轻型木结构的应用范围，该省随之出现了大量6层木结构公寓楼项目，安大略省和魁北克省也相继出台了类似的政策，魁北克省允许木结构建筑建造到12层[29]。

表2-1　加拿大颁布的木结构政策规范

年份	政策规范	相关要求
2009 年	不列颠哥伦比亚省建筑规范	轻型木结构建筑的层高限制放宽到 6 层
2009 年	不列颠哥伦比亚省木材第一法案	省、市、区等政府全部或部分出资的建筑项目或扩建项目充分优先考虑木材作为其主要结构材料
2015 年	新版加拿大国家建筑规范	允许木结构建筑建造到 6 层
2015 年	卑诗省"优先使用木材"法案	在省政府出资的所有建筑项目中，首先考虑木材作为其主要结构材

日本从颁布法律、设立机构、会议推广三个方面促进木结构的发展。在法律法规方面，2010 年颁布的《公共建筑物等木材利用促进法》中要求3层以下的公共建筑物必须使用木结构，对于研究公共建筑物使用木材的机构给予使用设施50%的优惠，对于木结构示范工程的设计建造费给予补助。在设立机构方面，设

立木造住宅振兴室以及木造公共建筑促进班,专门致力于推广木结构建筑。在会议推广方面,开展木结构培训会议,进行木结构技术培训,定期对相关人员进行专门培养等。

2.2.2 标准与规范

完善的设计标准也是保证产业化健康发展的必要条件,现以美国木结构设计标准为例与我国现状进行对比,并得出可以参考的成功经验。

美国相较于我国已经形成了非常完善的木结构设计规范和标准,与我国现有的相关标准进行对比,相同的是两国均在木结构的材料、构件、连接等方面有规范作出相应的要求,不同的是美国对于各结构体系有相对应的设计指南和手册。因在实际工程中,结构体系设计考虑的因素较多且复杂,很难达到统一标准,所以美国专门为各个标准配备了技术指南,作为施工阶段的指导,如美国轻型木结构指南等。对比来看,由于我国未形成"技术标准 + 技术指南"的技术标准体系,因此在结构构造方面作出了详细规定,使得设计标准略显烦琐[30]。

我国应制定更加符合我国国情的产业化规范体系,为更多建筑从业者和工匠提供建造参考和依据,促使产业化更大范围的推广,加快建筑走向工业化,促进住宅产业化的市场化发展。

2.2.3 新材料与新技术

新技术的进步以及新型材料的出现可以快速推动建筑产业化的推广和发展。以木结构为例,正是水力锯木厂、蒸汽动力圆锯和钉的发展为美国木结构体系奠定了重要基础,锯木厂和圆锯的出现使得木材可以快速生产出来,钉的批量化生产使得用钉将锯材钉成木结构房屋成为可能,进而可以大批量生产轻质框架式房屋。

此外木质新材料的研发是推动木结构产业化发展的手段之一。新型复合材料的发展大大推动了木结构发展,随着林业的发展以及木材加工技术的进步,北美出现了多种新型木制品,各种结构复合材,如工字形搁栅(I-Joist)、轻质木桁架、单板层级胶合木(LVL)、定向刨花板(OSB)、平行木片胶合木(PSL)、胶合板(Plywood)等,已经广泛应用于现代木结构。最近十多年,日本完成了高新技术研究,推出了边角料加工和进口木材制造木质复合结构材的方法,形成了产业链,开发了木构建筑的市场[31]。日本为了消化国产人工林,研发了柳杉中小截面结构用集成材,广泛应用于梁、柱中。除此之外,日本还研发了柳杉刨花板、双子柱、层积梯形集成材、圆筒形LVL等新型木材,日本这方面的经验值得我们学习。

我国木结构所使用的建筑用木材大多依赖于进口，木材料及连接件来源于国外导致我国现代木结构成本很高，对于集成材的加工技术能力较弱。我国应针对结构复合材的技术进行研发，打破制约因素。

2.2.4　产业化住宅的发展与推广

（1）北美轻型木结构住宅

①萌芽发展期（18世纪初—18世纪末）

在16世纪初，西班牙、荷兰等殖民者来到新大陆，这片新大陆的原住民是印第安人，其生活方式还处于原始阶段，后英国殖民者登岸，在18世纪初建立了13个殖民地。在密林遍布的北美，选择木材作为建筑材料非常合适，使用斧头、圆锯等一些工具进行简单的加工，很快便可以将一栋小木屋建好。但是这种房屋并不同于英国本土的传统木结构。北美冬季气候寒冷，英国本土的传统木结构并不适用于当地的气候条件，为抵御风寒，他们便在整个木屋的墙面用一条条的长木板钉起来。于是，形成了美国最初的木结构新风格——木板条风格（Shingling Style），也就是雨淋板风格（图2-1、图2-2）。

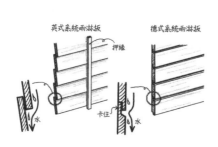

图2-1　雨淋板　　　　图2-2　马塞诸萨州，铁匠住宅（1636年）

图片来源：郝春荣. 从中西木结构建筑发展看中国木结构建筑的前景[D].北京：清华大学，2004.

18世纪末，美国的西进运动使得木屋这种建筑开始逐渐西移。一批批美国牛仔们向着太平洋西岸不断披荆斩棘。垦拓移民沿着阿巴拉契亚山脉的水流向西逆流而上，遇到瀑布或急流便驻扎下来，砍伐原始森林，建造小屋，开垦田地，逐渐形成被称作"瀑线都市"的城镇。借由水车的动力，砍伐下来的北美松可以很容易被制成板材，而这种木板条建筑只要有板材，在木柱上钉上木板条就可以很容易建成。木板条样式防风保暖，足够耐久，而且易于维护。美国这些垦拓移民很多是以家庭为单位，而且当时美国大部分地区人口稀少，缺乏足够的生产力，所以木板条建筑虽然构造简单、技术落后，但一来不需要很多人力和复杂的工具，二来板材充裕，所以得以流行开来。

19世纪初，西进运动的产物——淘金热，进一步促进了木结构房屋的发展。在美国的加利福尼亚最先挖到了金矿，移民们大量前往加利福尼亚并在此安定下来。此时，当地不仅有丰富的木材资源，木结构也得到了产业和政策支持。淘金热使得商品经济在美国迅速传播，带动了新兴城市的发展，原住民们的大量帐篷需要拆除，大批木结构房屋需要建造，木材加工业迅速兴盛起来。与此同时，旧金山颁布城市法令，禁止搭建帐篷，要求建造木结构房屋，木结构房屋的需求量进一步激增。在这个北美大陆被发现以及不断向西开拓的时期，木屋起到了举足轻重的作用。这种房屋是将木条块组装成一个框架，再在框架上安装覆面板，使框架和面板共同承重。

②初步成型期（18世纪末—19世纪末）

轻型木框架结构是在19世纪上半叶发展起来的，当时建筑商们认识到，用于填充重型木结构房屋墙壁的紧密间隔的垂直构件本身足够坚固，可以消除框架的沉重柱子。与欧洲建筑师堆积如山的砌墙相反，美国当地受压迫的殖民者几乎没有时间、技能或精力致力于采石、切石或镶嵌石材这种复杂的做法。向西延伸的大森林为人们提供了更容易获得的材料，从本质上讲，木材鼓励采用框架结构，而不是笨重的支撑墙。美国当代以自由、简单为特征的民族建筑风格正是由框架结构发展而来。气球框架是美国出现的第一个比较成型的木框架结构体系。1833年，在美国的中西部木材城市——芝加哥，木匠奥古斯丁·德奥达特·泰勒构思并建造了第一个气球框架建筑——芝加哥圣玛丽亚教堂[32]。

③蓬勃发展期（19世纪末—20世纪中期）

1865年，美国开始大批量生产上述这种轻质框架式房屋，原因是在国家向西扩展的过程中，需要迅速建造大量的房屋，而这种骨架可以通过圆锯迅速加工而成[33]。除了像气球一样轻便和简单之外，其安装起来也更加快捷和容易。气球架比榫卯架便宜40%，这使气球框架具有巨大吸引力，也是其受欢迎的主要原因。气球框架房屋在19世纪后期和20世纪早期是最常用的方法，后来逐渐演变成平台框架房屋，并于1936年完成最初步的模数化轻型木结构设计[34]。

平台框架得以出现的主要原因是气球框架在使用过程中，从地基一直延续到屋顶的长木柱很难竖立起来，并且在发生火灾时，长木板与长木板之间高耸直立的中空空间像一个个烟囱，使得火势迅速由下蔓延而上。正是由于这些问题，人们又发明了几个改进后的气球框架后，成功地发明出平台框架，最终发展为现在的轻型木结构框架的通用标准。

④主导地位期（20世纪中期至今）

从20世纪中期开始，随着林业的发展以及木材加工技术的进步，北美出现了多种新型木制品，各种结构复合材，如工字形搁栅（I-Joist）、轻质木桁架、单板层级胶合木（LVL）、定向刨花板（OSB）、平行木片胶合木（PSL）、胶合板（Plywood）等。20世纪60年代后期，定向刨花板（Oriented Strand Board，OSB）发展起来，进入商业生产并开始占领结构胶合板的大部分市场[35]。

从三百多年前移民北美的欧洲殖民者将使用木材建造房屋的传统带入北美到现在，美国已有90%以上的住宅（包括独立住宅、联体住宅和多层公寓）以及相当数量的商业建筑都采用木结构。除了轻型木框架，美国还发展了重型木框架结构，多用于工业、商业等公共建筑[33]。目前，轻型木结构是美国新建住宅最常使用的类型。

（2）日本梁柱式木结构住宅

①传统发展期（1923年以前）

日本的木结构为梁柱式木结构。最初的柱子是直接埋入土中的，但是时间久了，土中的柱子会发生腐朽，所以人们就不再埋入土中，转而将木柱放置在木基之上。在唐代，我国的佛教和寺庙建筑传入日本，日本将我国木建筑文化吸收并融合，在京都、奈良建造了很多具有中国传统特色的木结构建筑，并且形成了新的日本木建筑文化。在第二次世界大战以前，日本在村镇中的绝大多数房屋都是梁柱式木结构。

②黑暗混乱期（1923—1980年）

在第二次世界大战后发生的三起事件使木结构的发展停滞不前。1923年日本关东地区发生7.9级大地震、1945年美军发起空袭以及1959年日本伊势湾遭受台风侵袭，这三起事件使得日本木结构房屋遭到大量毁坏。另外，再加上森林资源枯竭等原因，日本建筑学会自此制定了建筑基本法，开始禁止使用木结构建筑，大力推进钢筋混凝土的使用。这段时期是木结构发展的黑暗混乱时期，但是木结构建筑因其风格独特依旧受到日本百姓的喜爱，在乡村和城镇地区的居民住房依旧采用了木结构建筑，在这个时期木材也常被用到大城市建筑的装修上。

黑暗混乱期一直延续到1980年，日本大型木结构建筑消失了二十余年。但是在这二十余年，日本的木质材料得到了新发展，出现了木质人造板以及使用人造板所建的木结构房屋，国外的原木结构以及北美的轻型木结构也传入日本。木质结构材料进一步得到研究，并且首次出现了"木质结构"这一观点，木质结构打破了人们对于传统木结构只能使用原木、锯材的局限性思想。传统梁柱式有了对于结构用材的新定义，新型木质结构材以及防腐木开始使用在建筑中，逐步发展为现代梁柱式。

③复兴发展期（20世纪80年代）

在20世纪80年代后期，木结构发展进一步出现转机。此时，日本经济实力大大提高，产品竞争力大大加强，日美贸易出现摩擦，美国开始限制日本对美出口，并要求扩大日本进口。1985年，美日针对对日出口的医疗产品、木材、电器等进行进一步谈判，美国要求日本打开木材市场，并为促进日本木材进口提供援助。日本受到压力后颁布法律规范，开始允许建造3层木建筑。从此，日本的木结构开始快速发展，大力推进对于集成材的应用。

日本对于木质结构材的技术研究和创新开发也进一步推动了木结构在日本的发展。第二次世界大战后日本进行了大力度的人工造林，林业已经非常发达，为了减少对于国外进口结构材的依赖，日本于20世纪90年代开始研发柳杉人工林结构材，并于1999年开始正式生产以日本柳杉为材料的小截面结构材。这种小截面结构材因其性能优势开始被广泛用作梁柱式木结构梁、柱等的主要结构构件。国产新材料的发明使得现代梁柱式得到进一步发展。

④主导地位期（21世纪后）

21世纪以来，日本经济发展到较高水平阶段后，开始关注环境保护，建筑方面更加关注人与自然结合、可持续发展。木材这种天然材料，碳排放量远低于钢材和混凝土，是一种绿色环保材料，日本建筑界开始努力推进木结构建筑的发展。

日本于2010年10月1日施行了《关于促进公共建筑物中木材利用的法律》，树立了"除用于灾害应急设施等外，凡由国家出资建设的、依据法令标准没有要求是耐火建筑物或主要构造部分为耐火构造的低层公共建筑物原则上全部应采用木结构。"与之配套的则是一系列措施：木材利用奖励积分制度、使用木质装修或木结构的新建公共建筑物的贴息贷款、木材利用普及政策、木材使用国民运动、木材利用教育等[14]。

此外，在1995年的阪神大地震后，日本也开始对木结构的建筑抗震性能积极开展研究，并研发出多种减震装置。提高了梁柱榫卯连接的精确度，其中研发的金属斜撑广泛应用于梁柱间，增强了梁柱间的支撑力以及稳定性，进一步提高了梁柱式木结构的抗震能力。

依照日本木材出口协会提供的资料，现今日本全部住宅约50%为木结构建筑，梁柱木结构建筑占全部住宅总量的37%。其中，独立住宅约85%为木结构建筑，梁柱木结构住宅占独立住宅总量的72%[14]。

2.3　我国村镇住宅产业化发展现状与趋势

自2015 年来，国内开始大力推广装配式建筑，先后出台评价体系、发展纲要、指导意见等规划文件，对发展装配式建筑和钢结构的重点区域、未来装配式建筑占比新建筑目标、重点发展城市进行了明确。

目前，我国的装配式建筑正处于蓬勃发展的时期，越来越多的市场主体开始加入装配式建筑的建设大军中。然而装配式建筑在发展和推广的过程中仍然存在成本高、管理体制和相关规范不健全、缺乏专业人才和产业链不成熟等问题，还需要加快推进装配式住宅的标准化工作，优化部品生产、提高施工水平，加大政府扶持力度和积极引导。

我国乡村装配式住宅建筑滞后于城市装配式住宅建筑。在政策方面，国内乡村装配式建筑未形成系统性的法规、规范和体系，也没有相关鼓励发展乡村装配式住宅的措施。在经济技术方面，乡村装配式住宅的研究仍接近空白，缺少相关的设计建造规范。在市场环境方面，乡村装配式住宅对企业的利益驱动小，国内涉足乡村装配式住宅的企业还比较少。农村地区自建房需求量大且无统一建造标准，迫切需要安全可靠、符合新农村住宅技术需要、高效、经济、建造周期迅速的设计建造方法[36]。

林永锦在《村镇住宅体系化设计与建造技术初探》[37]中调查研究了村镇生产生活现状，探讨在目前中国农村现有住宅建造体系条件下，运用体系化设计的方法，对其进行合理化、优化的可行性及途径，以提高农村居住质量；在调研基础上对农村住宅的体系化做了初步探究，探讨了参数提取、模数定位等，总结出模块化的空间组合方式。同时着眼于农村未来住宅产业化的需要，为未来新的建造体系在农村的开发积累技术经验。

谢英俊团队的轻钢龙骨建筑优化了建造工法，更适宜中国国内的建造。集装箱建筑作为高度模块化的建筑形式，逐渐在国内兴起，对其研究也逐渐增多，也有设计团队以集装箱建筑的形式为基础，对箱体进行改良或重新设计，研发设计出更适合建筑使用的箱体模块。《将建筑技术还给人民——访建筑师谢英俊》中还提到可以根据设计要求通过数字化控制来对原材料卷钢进行成型加工，所有数据实现同步共享，精确计算用钢量、预留孔洞位置、螺钉配件数量等[38]。

刘震等在《装配式钢结构建筑的结构体系及工程应用》中对钢结构进行了整体分类。

研究数据显示，2001 年我国住宅科技贡献率达到31.8%，低于50%，仍然属于典型的粗放型发展模式，住宅产业化程度不高，迫切需要向集约型转变。

（1）村镇住宅产业化尚未形成完整的体系

村镇住宅的规划、设计、开发、施工、销售、管理服务，以及材料、部品的研发和生产在村镇住宅建设中欠缺有机的、完整的生产经营体系，没有形成住宅生产、供给、销售和服务一体化的组织形式，无法形成适应市场经济要求的住宅产业。

（2）村镇住宅开发建设模式落后，技术含量低

长期以来，村镇住宅建设主要以居民自建自住、分散建设的模式运行。住宅施工技术落后，沿袭传统工艺与方法，秦砖汉瓦、手工砌筑，砖混结构，预制构件少，模数化与装配化成分低，劳动生产效率低，新工艺应用水平低。

（3）村镇住宅部品生产运营体系落后

目前，我国村镇住宅部品部件的开发生产仍处于自发阶段，缺乏有导向作用的认定体系和激励机制，主要表现为标准化体系不健全，住宅部品与住宅、部品与部品之间缺乏相应的联接与配合等，使住户的需求得不到满足。

（4）村镇住宅建筑能耗高

我国建筑能耗高主要表现在两个方面：一是建筑物本身为采用水泥等高耗能建筑材料建造的产品；二是由于供热系统达不到理想状态而引起的效率耗能。村镇住宅的高能耗主要表现在住宅建设的规划布局没有节能理念，围护结构的保温隔热性能差，供热系统的综合效率低，以及天然能源的利用效率不足等方面[39]。

对于上述的种种外环境趋势及村镇住宅面临的现状问题，实行住宅产业化是能够最大程度兼顾各方面，画出最大同心圆的必要举措。

（1）推进村镇住宅产业化，有利于缓解因人口老龄化带来的用工难问题。

（2）推进村镇住宅产业化，有利于减少人工成本，节约资金。

（3）推进村镇住宅产业化，将有助于减少能源消耗，提高资源利用率，满足日益加强的建筑节能要求。目前，我国农村地区的节能减排管理尚有所欠缺，农房建设资源利用效率低下。推进村镇住宅产业化将大大提升在节能、节材、减排方面的效益，减少环境污染和建筑垃圾排放，减少对农村生态环境的破坏，为恢复农村"碧水蓝天"作出贡献。

（4）推进村镇住宅产业化，将进一步优化建筑开发建设模式，提升生产运营体系的效率。通过将制造业技术模式、社会化大生产组织模式和现代信息技术融入农房建设的全过程，大幅提升农房建设速度和品质。

综上所述，发展村镇住宅建造的产业化对于实现村镇的绿色发展和建筑工业化都具有重要的现实意义。

第 3 章

典型地区村镇住宅建造技术调研

3.1　调研样本概况与问卷设计

截至2020年年底，课题组共对陕西洛南县、广西隆安县、江苏苏州吴江区、河北井陉县、贵州湄潭县五个典型地区村镇住宅建造情况进行了系统调研。调研分为两种形式，入户问卷调研与实地测量。获得有效问卷348份，实地测量图纸119份。

调研主要从外部环境、家庭内部需求以及住宅建造情况等多维度展开，通过现场观察、访谈等形式了解村镇规划现状、当地经济发展水平、主要经济来源、村镇住宅建造模式、当地建设政策以及当地人文风俗等外部环境影响因素，同时通过问卷调查、低空倾斜摄影、实地测绘等方式了解当地住宅功能布局特征、建筑材料、建造技术以及住宅期望目标等方面的内容，以实现对村镇住宅建造模式和技术体系的目标研究。

调研问卷设计从外部环境和住宅建筑本体两方面展开。外部环境主要涉及村镇人口、区域自然条件、村镇经济产业、村庄基础设施情况、公共服务设施、垃圾处理、清洁能源、村镇住宅建造政策、村镇水生态治理状况以及满意度等，从村镇所在的地理、经济、社会、政策等因素分析住宅外部环境对住宅建造模式以及技术体系形成的影响。住宅建筑本体的研究主要从住户人口、经济收入、住宅建造时间、建造方式、建造面积、建造形式、朝向、结构类型、围护结构形式及材料、住宅设备、住宅建造期望、满意度等方面了解村镇住宅建造技术现状以及期望特征。

3.2　村镇环境因素调研分析

在村镇外部环境调研中，我们重点研究了包含村镇经济发展、建造政策、建造技术水平三个方面的基本情况，对五个不同地区的农村发展进程进行比较和研究，分析出影响村镇住宅发展的主要外在因素。

在经济发展方面，陕西洛南县、广西隆安县、河北井陉县主要收入以传统的种植、养殖以及外出务工为主。截至2017年洛南县生产总值136.70亿元，农村常住居民人均可支配年收入9160元；隆安县生产总值73.2亿元，农村居民人均可支配年收入10720元；2016年井陉县生产总值150.7亿元，农村居民人均可支配年收入为11253元。贵州湄潭县是典型的农业县，随着乡村振兴的推进，通过农村经济产业革命，基于农业大力发展农产品加工以及特色农业产业项目，2018年湄潭县生产总值达到120亿元，农村居民人均可支配年收入为13338元，农村家庭形成个体经商、半工半农、半工半商等新型农村经济生产生活模式。江苏苏州吴江区是以丝绸纺织、电子信息、光电缆和装备制造四大主导产业，新能源、新材料、生物医药和新型食品四大新兴产业为主，村民多数在当地就业。截至2017年，吴江区生产总值1788.98亿元，农村居民人均可支配收入29754元。经济发展是农村综合发展的基础与核心，农村经济增长的核心是农民收入的提高，通过以上五个地区的经济研究，可以看到以湄潭县、吴江区为代表的新型村镇在不断调整产业结构的基础上，争取更多的当地就业机会，减少空心村现象，为村民在当地安稳地生活提供了基础保障。

在建设政策方面，陕西洛南县对农宅采取原址建设，不再审批新的宅基地，并进行扶贫移民搬迁、宅基地腾退复垦等政策，对于县域内村镇建筑风貌暂无统一要求。广西隆安县目前无流动土地审批，部分村镇对新建建筑提出只能新建一层的要求。贵州湄潭县农村实施一户一宅政策，每户不得超过200m^2，部分村庄以美丽乡村建设为契机，形成"小青瓦、坡屋顶、转角楼、三合院、雕花窗、白粉墙、穿斗枋"的现代黔北民居风格。江苏苏州吴江区大部分村庄有整体规划，在村镇建设方面提出了建设特色田园乡村、康居村等要求，部分乡村建设要求统一风貌或保持原有风貌。通过与当地村委访谈得知，以上村镇在建设政策方面基本上都已经开始控制新批宅基地建设，并在不同程度上限制宅基地上住宅建造面积。

在建造方面，陕西洛南县农宅以1~2层平屋顶或坡屋顶房为主，墙体建筑材料主要使用黏土砖、面砖、涂料等。广西隆安县农宅以2~3层平屋顶、坡屋顶住宅为主，墙体材料主要使用黏土砖、页岩烧结砖、面砖、涂料等。河北井陉县农宅以一层平房为主，墙体建筑材料多采用砖石砌块，以上三个地区住宅建设主要以村民自建为主，主要建设模式为承包给当地（村内）施工队建造。贵州湄潭县农村住宅在美丽乡村建设活动中，对老旧住宅以及新建住宅风貌进行了统一规划，形成了具有特色的现代黔北民居，住宅以2~3层坡屋顶住宅为主，墙体材料多采用砖、木，外墙饰面统一采用涂料粉刷形式，同时为保障农村住宅建造质量，助力乡村振兴，湄潭县政府也推行了农村建筑工匠培训工作，宣传农村房屋建造相关法律法规以及农村建筑特色风貌建造知识等。江苏苏州吴江区农宅以2~3层坡屋顶房为主，建筑材料主要使用黏土砖、混凝土、瓦、面砖、涂料等，部分村子宅基地建设由村民自行委托农村工匠进行，但工匠专业技术水平参差不一，安全及施工管理措施往往不能一次到位，监管存在一定难度。苏州从2017年逐步开始推行工匠制度，通过工匠考核方式提高建造技能，同时在保护传统工艺等方面起到了显著作用。随着工匠制度逐步在村镇建设过程中推进，对村镇宅基地建设模式以及建造技术的提升起到了推动作用。

3.3　住宅家庭因素调研分析

在村镇的家庭内部影响因素方面，调研问卷包含村镇村民人口、年龄结构等几个方面的基本情况，下文对五个不同地区的农村实际发展情况进行比较。

陕西洛南县、广西隆安县以及江苏苏州吴江区调研的农村家庭人口以5~7人为主，河北井陉县以及贵州湄潭县调研家庭人口以2~4人为主，但五个地区的家庭年龄结构特征均以中年和老年人为主。在洛南县、隆安县以及井陉县，调研家庭以农业、半工半农、外出务工为主，受教育程度不高，老龄化趋势明显。湄潭县由于乡村振兴战略与农村产业革命，调研家庭以个体工商、半工半农、半工半商为主，村民多数从事茶叶等经济作物种植以及经商活动，成为全国新农村建设的示范基地。苏州吴江区调研家庭以企业职工、个体工商户及半工半农或半工半商为主，村民多数在当地就业，并且还吸引了部分其他地区人口到当地打工。洛南县、隆安县以及井陉县调研村镇具有现代农村的典型特征，三个地区村庄呈现一定的空心化和老龄化，湄潭县是新时代深化农村改革的示范样板，苏州吴江区农村则俨然初具有城镇的特征，在农宅建造、农村教育、技能培训、产业经营等方面具有较高的发展水平，是社会主义新农村建设模式的典范之一。

3.4　调研地区住宅建造形式分析

（1）陕西洛南县

调研住宅建造包含自建房、集资共建房以及商品房。调研住宅以自建为主，自建比例为85%，其次为集资共建房。调研住宅建造年代集中在2010年后，比例为48.45%，宅基的面积主要在100~200m²范围内。建筑以坡屋顶居多，其中多层坡屋顶住宅比例为31.96%，一层坡屋顶、一层平屋顶和多层平屋顶住宅占比均为21.65%。在调研的建筑中，建筑结构以砖混为主，占比为63.92%，有17.53%的住宅采用了传统的夯土木框架结构，同时调研住宅中还有少量的砖木结构、钢筋混凝土框架结构以及钢筋混凝土剪力墙结构。调研的住宅屋面及外墙主体结构普遍无额外的保温层，外墙材料主要采用黏土砖，占比为58.76%；其次为生土（土坯），比例为18.56%；少量的住宅采用了石材、砌块以及钢筋混凝土。屋顶多采用现浇钢筋混凝土，其次为木屋架+瓦的构造形式，少数的住宅采用了预制板和钢屋架+瓦的构造形式。入户门多为木门与铁门，窗户材质主要为铝合金，采用铝合金、木框和塑钢材质家庭比例分别为61.86%、35.05%、3.09%（图3-1）。

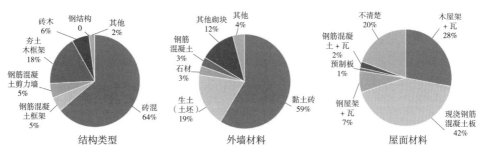

图3-1　陕西洛南县调研住宅

（2）广西隆安县

村镇住宅建造方式多为自建，比例高达96.15%，个别住宅为集资共建。建造年代多集中在2000~2009年，比例达到42.31%，20世纪90年代及以前建造房屋的比例为32.7%。宅基地面积多为80~120m²。71.15%的住宅建筑为2~4层平屋顶，其次为一层平屋顶房，另有少量的多层坡屋顶房。调研建筑结构形式多为砖混结构，所占比例为96.15%，其次为砖木结构、钢筋混凝土框架结构，全部调研住宅均无保温层。页岩烧结砖和黏土砖是村镇住宅建筑主要使用的墙体材料，84.62%的屋顶构造材料为现浇钢筋混凝土板，其次为预制板、木屋架+瓦、钢屋架+瓦。入户门多为木门与铁门，窗户多为铝合金材质，大部分住宅无遮阳挡雨装置（图3-2）。

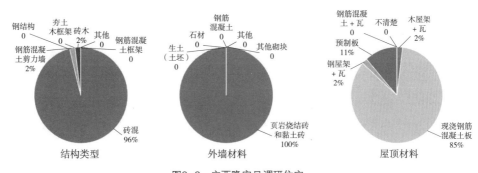

图3-2　广西隆安县调研住宅

（3）江苏苏州吴江区

村镇住宅建造方式全部为自建，即住户采购建材，委托当地的施工单位或工匠进行建造。调研住宅以20世纪90年代及以后建造的住宅为主，其中20世纪90年代建造住宅占比为51.06%，20世纪90年代后建造住宅占比为38.29%。调研住宅宅基地面积多为100~200m²，72.34%的建筑单体为单层坡屋顶，多层平屋顶（2~4层）占比为21.28%，调研住宅中还有少量的多层坡屋顶房。建筑结构形式多为砖混结构，所占比例为72.34%，其余建筑结构形式为砖木结构、钢筋混凝土框架结构，97.87%的住宅无保温层。黏土砖是当地村镇住宅建筑主要使用的墙体材料，使用黏土砖作为墙体材料的住宅比例为80.85%。屋顶构造多采用木屋架+瓦的结构形式，占比为53.19%，23.4%使用现浇钢筋混凝土板，调研住宅中还有个别预制板以及钢屋架+瓦的构造形式。入户门多为木门与铁门，57.45%的窗户材质为铝合金材质，17.02%为木框窗户，17.02%为塑钢窗，8.51%为铸铁窗。61.7%的住宅设置有遮阳挡雨装置（图3-3）。

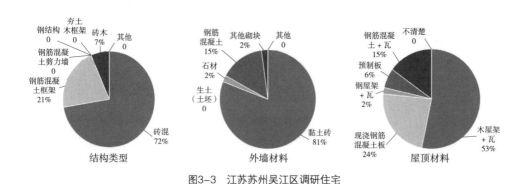

图3-3　江苏苏州吴江区调研住宅

（4）贵州湄潭县

湄潭县调研住宅自建占比为96.92%，另有少量的集资共建房以及商品房。调研地区住宅基本保留了贵州传统住宅的风貌，20世纪70年代及以前住宅以木结构为主，20世纪80年代以来住宅外墙材料主要为黏土砖。随着近年政府对传统建筑风貌的管控，调研村镇形成了青瓦、白墙、红柱风貌，外墙饰面采用涂料进行粉刷，住宅以2层为主。调研住宅普遍采用砖混结构，砖混结构比例约为75%，14%的住宅采用了砖木结构，5%的住宅采用木结构形式。65%的住宅外墙主体材料为黏土砖，其次为砌块材料，占比约为23%。湄潭县农村住宅屋顶多采用木屋架铺瓦的形式，其占比达到57%，钢屋架铺瓦占比6%，现浇钢筋混凝土板占比26%。湄潭地区农宅入户门多采用木门，外窗以单层白玻木框和铝合金框为主（图3-4）。

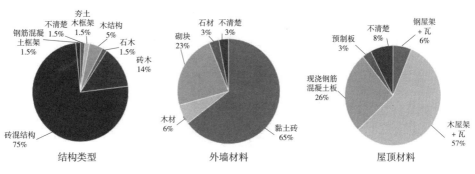

图3-4　贵州湄潭县调研住宅

（5）河北井陉县

井陉县调研住宅全部为自建一层平屋顶房，调研住宅建造时间均为2009年之前，其中89%的住宅为20世纪90年代前建造的房屋。调研住宅外墙以石砌结构为主，约59%的住宅采用石砌结构建造，其次砖混结构为26%。20世纪80年代及以前住宅外墙材料以石材为主，其次为黏土砖，20世纪90年代及以后外墙的外饰面多采用瓷砖。由于当地住宅多保留窑洞形式，约61%的屋顶为砖石结构，22%的屋面采用预制混凝土板的形式，另有12%的住宅采用现浇混凝土的方式。于家乡住宅入户门以铁门居多，其次为木门，71.26%的窗户采用木框，14.94%为铝合金窗框，仅2.3%的窗户采用塑钢门窗。门窗玻璃的材质以单层透明玻璃和中空玻璃为主，其中单层白玻占比为80.46%，双层中空玻璃仅为6.9%，住宅门窗的保温隔热措施较为欠缺（图3-5）。

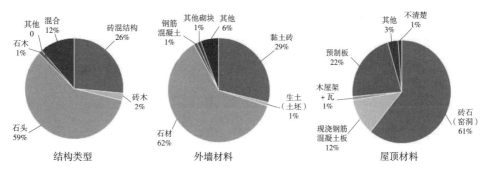

图3-5　河北井陉县调研住宅

在调研的村镇住宅中，调研对象尽量选取集聚住宅片区中的代表性住宅，使调研样本具有一定的区域代表性（表3-1）。

表3-1　调研住宅形体类型统计表

	20世纪70年代及以前	20世纪80年代	20世纪90年代		2000—2009年		2010年至今	
陕西洛南县								
94户	7户	12户	11户		20户		44户	
层数	1层	1层	1层	多层	1层	多层	1层	多层
	100%	100%	55%	45%	35%	65%	23%	77%
屋顶	平屋顶 / 坡屋顶	平屋顶 / 坡屋顶	平屋顶 / 坡屋顶		平屋顶 / 坡屋顶		平屋顶 / 坡屋顶	
	29% / 71%	25% / 75%	45% / 55%		50% / 50%		50% / 50%	
广西隆安县								
57户	7户	5户	12户		22户		11户	
层数	1层	1层 / 多层	1层 / 多层		1层 / 多层		1层 / 多层	
	100%	40% / 60%	8% / 92%		18% / 82%		27% / 73%	
屋顶	坡屋顶	平屋顶	平屋顶		平屋顶 / 坡屋顶		平屋顶 / 坡屋顶	
	100%	100%	100%		86% / 14%		82% / 18%	
江苏苏州吴江区								
45户	2户	2户	24户		7户		10户	
层数	1层 / 多层	多层	多层		多层		多层	
	50% / 50%	100%	100%		100%		100%	
屋顶	平屋顶 / 坡屋顶	坡屋顶	平屋顶 / 坡屋顶		平屋顶 / 坡屋顶		平屋顶 / 坡屋顶	
	50% / 50%	100%	29% / 71%		14% / 86%		9% / 91%	
河北井陉县							—	
84户	21户	31户	23户		9户		—	
层数	1层	1层	1层		1层		—	
	100%	100%	100%		100%		—	
屋顶	平屋顶	平屋顶	平屋顶		平屋顶		—	
	100%	100%	100%		100%		—	
贵州湄潭县								

续表

63 户	20 世纪 70 年代及以前	20 世纪 80 年代	20 世纪 90 年代	2000—2009 年	2010 年至今
	3 户	3 户	7 户	35 户	15 户
层数	多层	多层	多层	多层	多层
	100%	100%	100%	100%	100%
屋顶	坡屋顶	坡屋顶	坡屋顶	坡屋顶	坡屋顶

夯土木框架结构

木屋架 + 瓦

夯土墙体

砖混结构

现浇钢筋混凝土板

多孔烧结砖

砖石结构

拱顶

石材

图3-6　调研住宅结构形式

从整体的调研住宅形态来看，住宅外部形态主要呈现传统和新兴形态并存的现象。其中，20世纪80年代以前以及近年来经济相对落后地区仍以传统农村住宅形态为主，而经济发达地区则出现了众多的新兴形态。除去区域经济因素外，主要原因可归结到以自建为主的农村住宅建造模式上，自建建造主体主要为血缘亲属、邻里组织或聘请的当地工匠。从某种程度上讲，落后地区农村住宅形态空间的发展主要受到建造主体建造经验水平、施工技术和个人意识的影响，而经济发达地区建造则已经趋向专业化设计和施工。

改革开放以前，社会环境相对封闭，农村经济技术水平低下，自建房屋主要延续传统的住宅建造模式和方法。由于村镇传统建筑受建造技术及经济水平因素影响，住宅基本以一层为主，结构体系类型主要为砖混结构、夯土木框架结构、砖木结构、石木结构以及木结构，同时受各地地域气候及资源影响而呈现不同的结构体系。屋面结构多为木屋架+瓦的形式，墙身高度普遍较低，门窗洞口较小，建筑立面较为粗糙，基本无饰面层。

20世纪80—90年代，改革开放后生产力和思想得到了解放，农村的生活水平大幅度提升，村民开始着手改善居住环境，这个阶段受国家土地政策以及建材和施工水平的影响，村民住宅开始纵向发展，不论沿海江浙地区还是内陆西北和西南地区，住宅均有多层房屋出现，并以二层为主。除调研的河北井陉县地区以砖石结构为主外，其他地区结构体系均以砖混为主。该阶段平屋顶以其施工难度小、造价低、实用性强等优势得到了大范围的使用，洛南县、井陉县以及隆安县调研住宅样本中，混凝土现浇板平屋顶占比较大。该阶段各地建筑外墙普遍采用黏土砖，墙身强度有所提升，建筑层高多在3m以上，并且外墙洞口面积得到了一定的解放，建筑立面门窗面积相较20世纪70年代有较大的提升。受到城镇住宅外墙立面的影响，该阶段新建住宅外墙表层呈现多样化，包括面砖、水泥砂浆粉刷、涂料粉刷、黏土砖、裸露外墙等，此时外墙立面装饰材料类型主要受经济条件以及环境制约，广西地区气候潮湿多雨，外墙面层容易脱落以及污损，该地区住宅普遍为裸露砖墙，而河北井陉县受城镇影响较弱，新建建筑外墙仍以传统石材为主。

2000年至今，新农村建设与乡村振兴战略的实施，使农村人居环境得到了较大的改善。随着农村宅基地政策的进一步紧缩，加剧了农村住宅的纵向扩张，普遍以2~3层为主，结构体系仍以砖混结构为主，同时钢筋混凝土框架结构也占有了一定比例。在经济发达的江苏地区住宅调研中，采用框架混凝土结构的住宅占比达到了21%，同时对建筑外墙进行装饰的比例增加，装饰材料以水泥砂浆、涂料、面砖为主。在此阶段，除经济因素外，建造技术已经不是农村住宅建造形体的主要制约因素。乡村政策、建造主体均对农村住宅建筑形体产生较大的影响，以江苏地区为例，当地经济发达，多地兴起欧式建筑的风气，建筑形态各异，坡屋顶构造以混凝土加瓦的形式居多。随着"美丽乡村"、振兴乡村以及农村住宅风貌控制等政策的实施，如吴江区、湄潭县地区住宅风貌的控制，使住宅在外部形体上较为统一，差异逐渐减小，更多的差异体现在内部的环境，尤其在发达地区，更加关注居住内部环境品质的改善和提升。陕西、广西等地区的建筑形体受设计与施工主体从业经验影响，新建建筑形体相对简单与统一，但近年来也出现一些洋房建造跟风的现象。

从地域纵向上分析，同一时间段经济发达地区的农村城市化进程优先于欠发达地区，其村镇住宅设计、施工建造等具有一定的先进性。但对比上述五个调研地区近年来新建住宅，建筑外形基本无明显地域性差异，随着城乡一体化与乡村振兴策略的推动，村镇外部大量信息技术的输入，加上建材与物流业在村镇的快速发展，住宅外部形体上的差异将日益缩小（图3-7）。

陕西洛南县农宅　　　　　　广西隆安县农宅　　　　　江苏苏州吴江区农宅

河北井陉县农宅　　　　　　　贵州湄潭县农宅

图3-7　近年新建住宅风貌

3.5　调研地区测绘住宅功能空间分析

通过对调研住宅进行部分随机抽样测绘，共测绘住宅119户，测绘住宅的平面总体上可归纳为L形、U形、板/点形以及其他。统计结果显示，广西隆安县调研住宅平面以板式为主，多呈条状，主要受到当地地形的限制；河北井陉县、陕西洛南县建筑布局多以U形、L形布局为主，通常由正房和附属用房组合而成，形成半围合、围合的庭院空间；贵州湄潭县调研住宅也有较大比例的L形布局住宅，多延续当地传统民居——转角楼的建设方式；江苏苏州吴江区则以板式和L形为主，并多采用围墙、栏杆等形式形成封闭的庭院（图3-8、图3-9）。

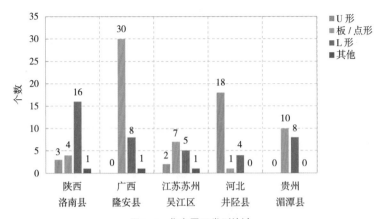

图3-8 住宅平面类型统计

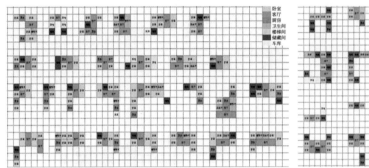

陕西洛南县调研住宅功能平面布局

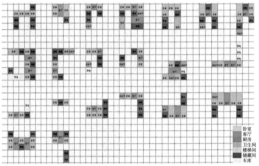

河北井陉县调研住宅功能平面布局

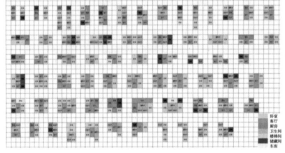

广西隆安县调研住宅功能平面布局

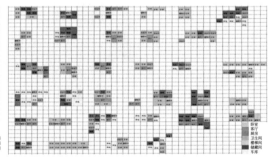

贵州湄潭县调研住宅功能平面布局

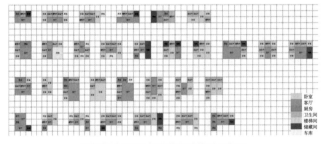

江苏苏州吴江区调研住宅功能平面布局

图3-9 调研住宅功能平面布局

　　我国传统住宅建筑空间为"一明两暗"三开间模式，中间为客厅，两侧为卧室和辅助空间。根据调研测绘住宅统计分析，调研住宅的功能空间基本延续了传统空间模式，与此同时又有演变，通过对其演变内在逻辑的分析，测绘住宅平面演变类型归纳如下（图3-10）：

类型	测绘平面案例	空间组合示意
"一明两暗"三开间	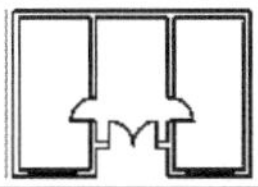	
剪切型	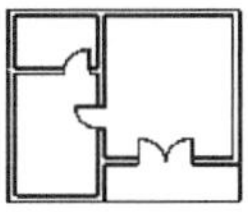	
延展型		
内化型	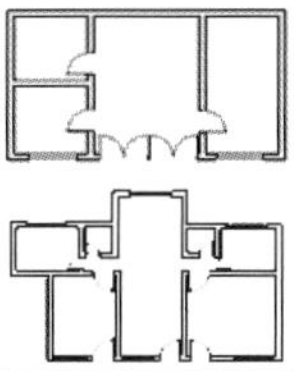	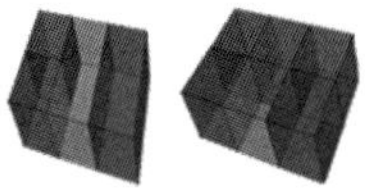
拼接型	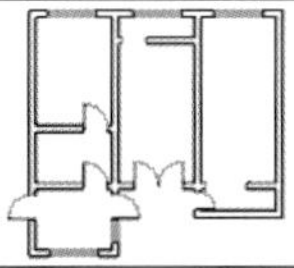	
综合型	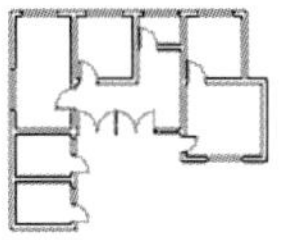	

图3-10　住宅空间类型归纳

　　类型一：剪切型，该类型由三开间简化成为两开间或一开间，这类住宅空间多受地形限制，呈条状布置，一般内部进深较大，并在纵向上进行空间划分，此类型在调研的广西地区较为常见。

　　类型二：延展型，该类型在三开间的基础上横向延展，单侧或双侧延展，一般用地较为宽敞。通常三开间仍作为主要的生活核心区域，延展部分设置为卧室或附属空间，如储藏室、厨房、楼梯间等。

　　类型三：内化型，该类型在三开间的基础上内部进行空间分割变化，在调研过程中该类型功能空间在陕西洛南县、广西隆安县以及江苏苏州吴江区三个地区较为常见。这种类型符合村镇住宅空间由大到小的设计方式，对整体空间进行功能分割，从而转变成多个适用的小空间，增加了空间功能多样性。

类型四：拼接型，该类型在三开间两翼转接附属的功能房间，形成围合或半围合的庭院空间，以利于抵御外部不利环境影响。此类型在陕西洛南县调研住宅中较为常见，转接的附属空间多为厨房、楼梯间或厨房+卧室的形式。

类型五：综合型，该类型是在上述四种类型的基础上自由组合演化形成，使用功能空间对复杂环境以及多样需求具有较强的适应性，在陕西洛南县、广西隆安县以及江苏苏州吴江州三个地区的调研住宅中均占较大比例。

通过对上述住宅功能空间归纳分类，村镇住宅功能空间模块化特征非常明显，卧室与客厅是住宅功能空间的基本组成单元，并以基本单元为核心进行演化转变。因此，本书主要对调研测绘住宅的基本组成单元——卧室和客厅空间尺度特征进行分析。

根据数据分析，调研住宅卧室个数多为2~4个，其中80%及以上测绘卧室样本的面积区间集中在10~25m²内，其中，10~15m²卧室样本比例较大，约为45%。卧室开间尺寸集中分布在3~4m，地域间差异不明显，且无明显趋势性变化；卧室进深集中分布在3~6m范围内（图3-11、图3-12）。

根据图3-12测绘住宅卧室面积分布统计数据分析，调研地区住宅多数设置1~2个客厅，80%的客厅面积集中分布在10~30m²范围内，其中15~20m²占比较大，各地区客厅样本面积区间分布无明显差异，贵州地区调研住宅客厅面积相对集中。客厅样本开间尺寸集中分布在3~4m范围内。陕西、广西、江苏、河北地区调研住宅客厅进深均集中分布在4~6m范围内，贵州地区则相对集中在4m左右，这与调研地区传统住宅建造方式及政策关联性较大（图3-13、图3-14）。

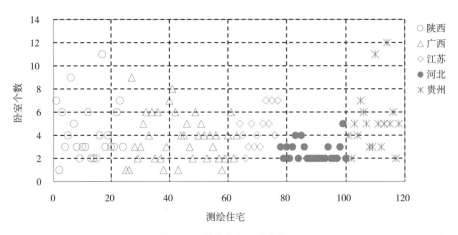

图3-11 卧室空间尺寸分析

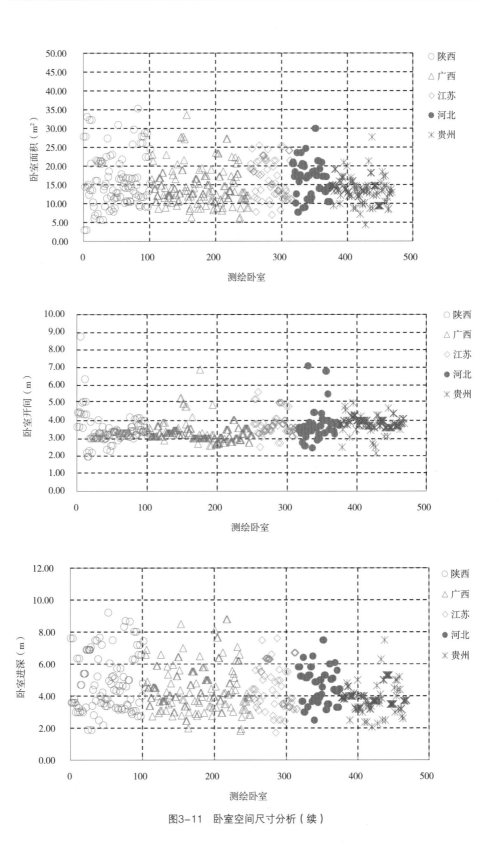

图3-11　卧室空间尺寸分析（续）

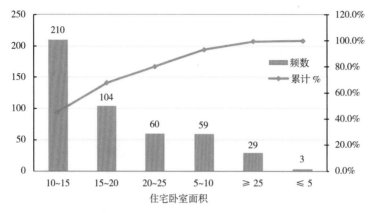

图3-12 测绘住宅卧室面积分布统计

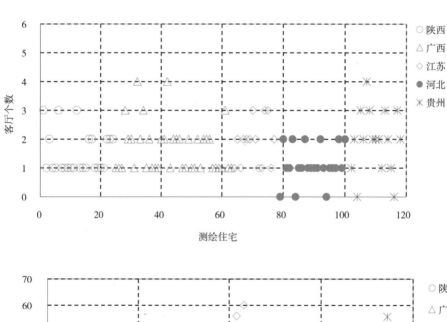

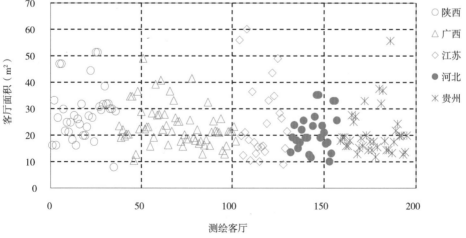

图3-13 客厅空间尺寸分析

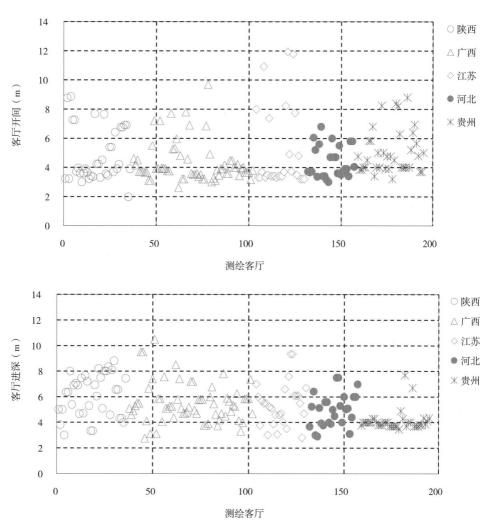

图3-13　客厅空间尺寸分析（续）

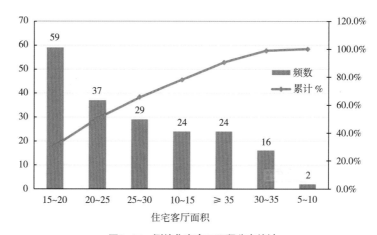

图3-14　测绘住宅客厅面积分布统计

　　根据环境行为学分析，目前住宅建造的模数以及村镇住宅功能空间尺寸基本能满足人员的日常生活所需，因而调研住宅模数及空间尺度应在各地域中基本趋于一致，这与实地调研分析结论相符。

　　在村镇住宅空间功能分布方面，本书对测绘住宅房间功能进行了统计（图3-15），江苏苏州吴江区及贵州湄潭县地区调研住宅内部功能空间相对陕西洛南县、广西隆安县及河北井陉县地区更加完善与细化，分区更加接近城镇住宅，如独立的餐厅空间。从图3-15主要功能空间布局分析，井陉县调研测绘住宅均为一层，村民生活活动空间在一层及庭院内部完成。洛南县测绘住宅主要的生活活动空间也集中在一层，与村民意愿访问结论一致，陕西地区住宅多数拥有可供休闲交流的庭院空间，且多数卫生间独立布置在室外，在一层与邻里交往以及生活起居更加方便，因而陕西洛南县村镇主要生活空间集中在一层，而广西、江苏、贵州地区生活空间主要集中在二层及以上，其中广西地区住宅基本上无庭院空间，江苏地区庭院空间相对较小，同时更加注重生活的私密性，加上广西、江

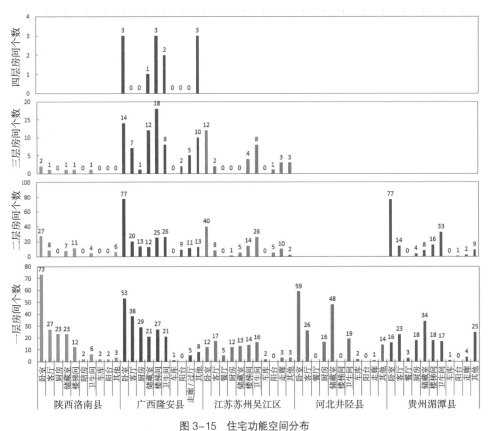

图3-15　住宅功能空间分布

苏两地气候炎热多雨，因此村民生活活动主要集中在室内，大多数多层住宅在室内设置了两个及以上的客厅活动空间，在调研过程中发现两地的村民主要居住生活空间多在二层，一层客厅的主要功能为接待客人、餐厅或停放自行车、电动车等，二层则作为家人主要的住宿与交流活动场所。贵州调研地区处于深化农村改革试验和全国新农村建设示范基地，调研住宅多数集成了生活和生产功能，在首层布置厂房、储藏以及店铺等功能空间，生活空间多数设置在二层，贵州地区住宅生活生产高度集成，将是未来农村住宅发展趋势之一。

3.6　调研地区住宅建造需求特征

随着村镇经济水平的提高，村民改善人居环境的期望也越来越迫切。本次调研对陕西洛南县、广西隆安县、江苏苏州吴江区、河北井陉县以及贵州湄潭县住户对住宅类型的期望进行了分析（图3-16、图3-17），调研结果显示，在经济发展水平、地域以及建造政策差异较大的情况下，更多调研住户期望的住宅类型均为2~3层独栋，面积为100~200m²。在土地政策紧缩的情况下，纵向发展是必然趋势，调研住宅类型期望符合未来发展趋势。其中，洛南县、井陉县以及吴江区调研对象对一层独栋住宅类型的期望也占有较大的比例，而隆安县调研地区则普遍倾向于2~3层住宅。这种差异产生的原因主要与当地居住生活行为习惯以及政策有关，从一定程度上反映出住宅期望也受到了居住习惯、地域环境以及政策的影响。

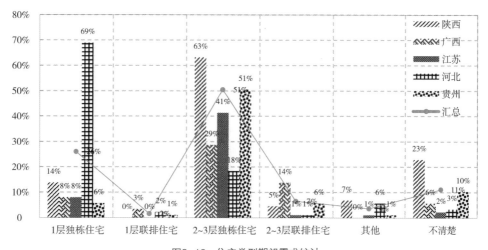

图3-16　住宅类型期望需求统计

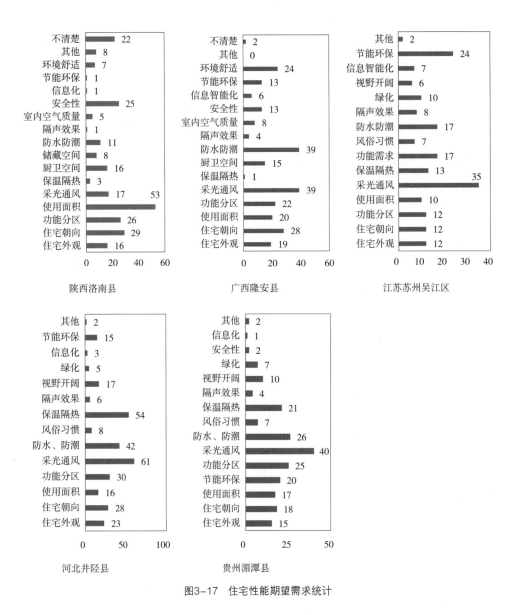

图3-17　住宅性能期望需求统计

　　综合来看，受到地域气候、经济水平以及社会环境等条件的影响，调研对象对住宅的关注点有所差异，但对住宅室内环境品质的关注却较为一致，如采光通风、住宅朝向、功能分区、防水防潮等，因此在现阶段及未来持续提升室内居住环境品质是村镇住宅建造的重要内容之一。

3.7　小结

本课题展开了对陕西洛南县、广西隆安县、江苏苏州吴江区、河北井陉县、贵州湄潭县等地村镇住宅的调研，调研结果显示，在经济发展水平、地域以及建造政策差异较大的情况下，调研住宅在建筑外形以及构造上有所差异，但建材类型上黏土砖以及现浇混凝土使用较为普遍。对于住宅功能空间的基本单元尺寸大体趋于一致，具有明显的模数化特征。不同地区调研对象期望的住宅类型均为2~3层独栋，住宅面积为100~200m^2，这一期望特征也符合目前我国集约利用土地政策的要求。不同地区受居住习惯以及地域政策环境的影响，住户对住宅类型的期望也略有不同，例如井陉县、洛南县地区与吴江区调研对象对一层独栋住宅类型的期望也占有较大的比例，而隆安县地区则普遍倾向于2~3层住宅。尽管各地村镇住宅形式以及期望存在一定的差异性，但对住宅内部环境品质的关注却是一致的，这也是现在以及未来村镇住宅建造关注的主要内容之一。

第 4 章

绿色宜居村镇住宅建造
关键技术

4.1 村镇住宅建造关键技术框架

村镇住宅建造技术体系的搭建与建造策略的选择密切相关，基于相关文献总结及调研成果，我国村镇住宅建造的基本策略可总结为：政府引导、专家（设计师）介入、住户参与的综合性建造策略，即村民参与到村镇住宅建筑的策划、组织、研发、建造、使用、维护和更新的各个环节，而作为硬件的建造技术，应与当地的生态本底、物质资源、人力资源、经济和社会发展水平进行系统耦合。如孙秀丽提出的人宅耦合理论、袁颖等提出的协同共建模式、谢英俊在河北翟城、河南兰考的生态屋实践等。

基于以上策略，将村镇住宅建造技术体系中的各技术（来源于16个省市的绿色技术推广目录以及通过文献及实地调研考察后整体的技术汇总，共计189项）分为三个层级：第一个层级按照房屋建筑学的划分逻辑，将住宅分为主体结构、围护结构、功能支持三大体系；第二个层级是各个体系的研究重点；第三个层级则是分布在不同重点领域中的建造技术（图4-1）。

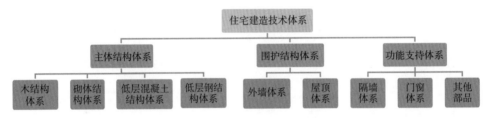

图4-1 住宅建造技术体系框架

4.2 村镇住宅建造关键技术——主体结构体系

4.2.1 现代木结构住宅体系

按照《木结构设计规范》GB 50005—2017，可将木结构分为轻型木结构、方木原木结构和胶合木结构[40]。

轻型木结构又叫轻型骨架结构，分为气球框架结构和平台框架结构。现平台框架为轻型木结构的通用标准，其主要使用尺寸相同的规格材作为结构骨架，在上面覆盖木质面板作为墙板、楼板、屋盖，由骨架和墙板、楼板、屋盖共同承重的一种结构体系（图4-2）。轻型骨架结构通过螺栓固定在混凝土基础上，然后将楼盖锚固在基础上，建立起一个施工平台，再将墙骨柱与墙面板构成的墙体结构

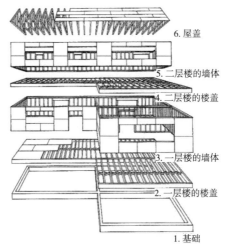

6. 屋盖

5. 二层楼的墙体

4. 二层楼的楼盖

3. 一层楼的墙体

2. 一层楼的楼盖

1. 基础

图4-2　轻型骨架结构（平台框架式）
图片来源：加拿大林业理事会。

与楼盖结构连接在一起，一层搭建完毕后，将二层楼盖锚固在一层墙体上，形成二层施工平台，接下来重复以上工序，搭建出二层结构，最后将屋盖安装在二层墙体上。楼盖通过墙骨柱将竖向荷载传递到混凝土地基，通过剪力墙将水平荷载传递到混凝土地基，共同组成一个完整的承重系统。楼板体系与墙体体系是单独存在的，并且墙体只有一层楼高，可以很方便地预制、生产、搭建。我国市面上的轻型骨架结构造价成本约1600~2500元/m²，使用年限20~50年不等。轻型骨架结构具有布置灵活、可预制、施工时间短、运输方便、抗震性能好等特征。

方木原木结构又叫锯材梁柱结构，由我国传统梁柱式演变而来，是指承重构件采用方木或者原木制作而成的单层或多层木结构，其由梁、柱作为承重结构，将屋面楼盖的荷载传递到地基上。常用的结构材料包括方木原木、锯材、木基结构板材以及各种连接件。方木原木结构可采用的结构类型有穿斗式木结构、抬梁式木结构、井干式木结构、木框架剪力墙结构、梁柱式木结构及作为楼盖或屋盖在其他结构中组合使用的混合木结构[40]。锯材梁柱结构因使用成材尺寸较大，较轻型骨架结构造价贵，约3500元每平方米。其具有外观独特、墙体灵活、室内跨度大、独具风格、施工灵活、抗震性略差、运输受限、吊装困难等特性。

胶合木结构是指木结构构件采用胶合木的一种结构体系。胶合木是一种使用胶合剂将板材加工胶合压制而成的工程木制品。胶合木结构采用的结构为梁柱式，承重构件使用胶合木，墙体使用轻质混合墙体、胶合板、砌体墙或者玻璃，主要使用螺栓、钢钉等各种金属连接件连接。胶合木结构根据使用材料的不同，一般分为层板胶合木梁柱结构和正交胶合木墙板结构。层板胶合木梁柱结构主要采用梁柱式，只是在用材上选用了层板胶合木。

层板胶合木是指采用厚度小于45mm的板材，进行平行叠合，再使用胶合剂黏合而成的胶合板材，也称胶合木或结构用集成材。常见的层板胶合木有单板层积胶合木（LVL）、平行木片胶合木（PSL）等（图4-3）。层板胶合木因其尺寸可以自定，长度可以很长，所以这种结构常用于大跨度、大空间的单层或多层建筑。此结构具有强度高、材料性能均匀、不受尺寸限制、稳定性好、形式多样、可使用小径材等特性。

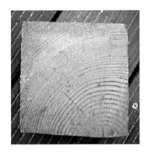

图4-3　原木、单板层积胶合木（LVL）、平行木片胶合木（PSL）
图片来源：武晶晶. 现代木结构技术策略研究[D].重庆：重庆大学，2012.

正交胶合木墙板结构采用的是CLT板承重结构，主要由CLT板作为楼板、墙板、屋盖板共同承重，不需要梁柱承重。正交胶合木（CLT）是一种新型工程木材料，采用三层以上的锯材垂直正交叠放胶合成实木板材。这种工程木材料的强度和耐火性非常高，其高强度可以替代钢筋、混凝土材料，安装方式同预制混凝土板一样，并且是预制化生产，其宽度一般为0.6m、1.2m、2.4m、3m，长度一般可达到18m。正交胶合木墙板结构主要使用板式结构或者箱体结构，通常适用于中高层民用住宅以及多层公共建筑，一般采用金属连接件进行连接，如自攻螺钉、钢制承载板、角铁等。正交胶合木墙板结构具有防火性能好、预制化程度高、保温好、气密性高、各向同性等特性。

4.2.2　低层混凝土结构住宅体系

目前，我国村镇住宅多为砖混结构，近年来混凝土结构的村镇住宅也逐渐增多。在我国广大村镇地区，混凝土结构住宅多为低层，采用混凝土梁柱或者墙板结构承重。根据混凝土结构主体承重方式及现场施工方式等的不同，将混凝土结构村镇住宅分为现浇混凝土框架结构、现浇混凝土墙板结构、预制装配式混凝土框架结构、预制装配式混凝土墙板结构等几种形式。

现浇混凝土框架结构是由混凝土梁和混凝土柱组成的框架来承受房屋的全部荷载，其特点是结构整体性好，空间划分灵活。梁、柱、板均需在现场完成浇筑，经过模板搭建、钢筋绑扎、浇筑混凝土、养护并最终拆模等一系列操作建造而成。框架结构中的墙体除了承担自重外并不承受其他荷载，内墙仅起空间划分的作用，外墙仅起空间围护的作用，故框架结构中的内外墙多采用轻质材料。根据墙体材料的形态大小可分为砌块、条板和大板。

现浇混凝土墙板结构与框架结构不同，混凝土墙板结构是由混凝土墙和混凝土板组成房屋的主要受力体系，即墙体既起到空间划分和围护的作用，又起到承重作用。混凝土墙板结构拥有更好的抗侧刚度，因此能够更好的抵御风、地震等带来的水平荷载；但与框架结构相比，其空间灵活性较差，墙体的布置必须同时满足建筑平面和结构布置的要求。现浇混凝土墙板结构需在现场完成对墙和板的钢筋绑扎和混凝土浇筑，非承重墙可采用轻质材料砌筑。

预制装配式混凝土框架结构与现浇混凝土结构一样，预制装配式混凝土框架结构的承重体系也是梁、柱和板，这些主要承重构件均在工厂生产，然后运输到现场进行装配，通过后浇混凝土或螺栓等方式连接成一个整体。根据预制构件在现场的连接方式，可将预制装配式混凝土框架结构分为干连接和湿连接两种。

干连接预制装配式混凝土框架结构的建筑构件全部在工厂预制，在现场的连接方式是通过牛腿、螺栓或焊接等方式，无需在连接节点处进行混凝土的现场浇筑（图4-4、图4-5）。螺栓连接还可以与暗牛腿连接方式相结合，加强节点连接处的刚度（图4-6）。干连接预制装配式混凝土框架结构现场湿作业少，施工速度快，能够有效缩短工期。

湿连接预制装配式混凝土框架结构的建筑构件均在工厂完成预制，与干连接方式不同的是，构件运输到现场进行拼装固定后，仍需要二次浇筑混凝土才能够形成

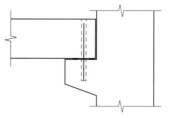
图4-4　混凝土柱明牛腿及连接示意图

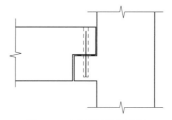
图4-5　暗牛腿连接示意图

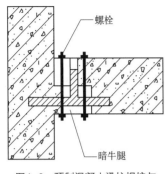

图4-6 预制混凝土梁柱焊接与
螺栓连接

完整的结构框架，但形成的结构框架整体性和抗震性
更高。湿连接预制装配式混凝土框架结构的竖向承
重构件——混凝土柱的上下连接节点采用套筒灌浆连
接，预制梁板等水平预制构件间或水平构件与竖向构
件间的节点连接均采用现场后浇混凝土的方式，从而
形成等同于现浇结构的完整结构框架。

预制装配式混凝土墙板结构的主要承重构件是
混凝土墙和混凝土板，均在工厂预制生产，运输到
现场拼装后形成房屋的主体结构。与预制装配式混
凝土框架结构相同，预制墙板构件的装配方式也分为干连接和湿连接两种。

干连接预制装配式墙板结构是将承重的预制混凝土墙、圈梁和混凝土板通过
全干式的形式在现场拼装，形成房屋的主体承重结构。通常在预制墙板的一侧会
预埋螺栓等连接件，现场拼装时待墙体对正后，使用螺栓和螺杆连接从而形成房
屋的主体结构。这种方式的特点是承重结构构件全预制，干连接的方式使得现场
湿作业大大减少，极大地提高了装配效率和施工速度，将装配式结构的优势充分
发挥出来。

湿连接预制装配式墙板结构中的承重墙采用预制或半预制的形式，需在现场
浇筑混凝土形成完整的墙体构件，或在节点处浇筑混凝土将预制墙板进行连接。
全预制的墙体通过竖缝和水平缝后浇混凝土与相邻预制墙和预制板连接。半预制
墙体通过将混凝土注入预制墙体空腔内的方式进行预制构件间的连接。

4.2.3 新型砌体结构住宅体系

新型砌体结构区别于传统砌体结构（例如，黏土砖砌体、多孔黏土砖砌体、
混凝土砖砌体、混凝土空砖砌体、混凝土灰砂砖砌体等），新型砌体结构是指由新
型砌块或是新型工艺及施工砌筑方式形成的砌体结构。新型砌体结构由两大类型
组成，一类是以新型砌块本身作为关注重点，包括高性能砌体、绿色建材砌体、
自模板浇筑砌体、多功能复合砌体、无砂浆砌筑砌体等，详见表4-1；另一类是以
新型施工方式作为关注重点，包括小型预制装配式传统砖、大型预制装配式传统
砖以及机械臂施工砌筑方式等。目前，国内外还没有成熟的新型砌体结构标准以
及分类方法。国内的研究团队很早便开始进行装配式配筋砌块结构的研究，其中
哈尔滨工业大学砌体结构研究团队采用了现场砌筑吊装的方式，这使得大型混凝
土砌体运输变为小型混凝土砌体运输，减少了运输难度和运输成本。小型预制装

配式传统砌体适合作为建筑的承重外墙与承重内墙，所使用砌体材料大多是传统做法的烧结黏土砖。作为承重外墙，其自身施工砌筑方法简便，对于村镇地区稍有经验的匠人师傅与施工团队来说门槛较低、易于接受，且预制砌体精度较高，可以保证施工的准确性；作为承重内墙，由于其预制特性，墙体厚度可以在工厂预制阶段控制，不会造成建材的浪费，但是这种砌体的价格和配套胶结工艺所使用的干胶价格较高，导致其成本略高。

表4-1　新型砌筑砌体介绍

名称	解释	种类	优点	参考图片
高性能砌体	是由单一或多种材料混合形成均质的具有复合功能的砌块，无结构分层	包括陶粒增强泡沫自保温混凝土砌块、格构式自保温混凝土砌块、蒸汽加压混凝土砌块等	做成的墙体具有强度好、保温隔热、性能好、精度较高、不易变形等优点	
绿色建材砌体	是指采用清洁生产技术、少用或不用天然资源、能源，大量使用工业或城市固废材料的无毒无害、无污染、无放射性、有利于环境保护和可持续发展的砌体结构	包括再生粗、细骨料砌体、植物纤维砌体以及石膏空心砌体等	具有防水、隔热、耐火、坚固、轻量等优点	
自模板浇筑砌体	通过EPS模板围合成一定厚度的墙体轮廓，再向其中植入钢筋、浇筑混凝土的砌体类型	一种是以保温材料作为模板向其中浇筑承重材料的砌体，另一种是以承重材料作为模板向其中浇筑保温材料的砌体，此种砌体不能裸露承重结构独立存在，必须设置EPS保温层与装饰层	优点在于模板架设快速简便，承重性能好，承重保温一体化，施工周期短，运输灵活方便	
多功能复合砌体	是多种不同物理性能的结构层（如空心混凝土砌块、岩棉板、外饰面墙材等）相互复合的砌块构成的砌体形式	适合作为建筑的承重外墙，但不适合作为建筑的承重内墙	能够做到承重、保温、装饰、节能一体化，施工周期短、现场湿作业少、施工成本低	
无砂浆砌筑砌体	是指不主要依靠砂浆等胶结材料，主要依靠砌块间的结构连接，便可完成砌块组合的砌体结构	可由单一材料无砂浆砌块或复合材料无砂浆砌筑块构成，分为有连锁空心砌块和美国刨花板混凝土复合砌块	工艺简单，对砌筑工人熟练度要求较低，受环境的影响较小，可以雨天作业	

4.2.4　低层钢结构住宅体系

低层钢结构住宅体系分为密肋结构体系与框架结构体系，其中框架结构体系又分为框架砌块结构、框架条板结构和框架大板结构。

（1）密肋结构体系

密肋结构体系是使用镀锌冷弯型薄壁型钢作为承重构件的一种板肋结构体系。密肋结构体系是在北美2英寸×4英寸（5.08cm×10.16cm）的木构造技术的基础上发展而来，使用冷弯薄壁型钢构件取代木构件，用钢量一般为30~45kg/m²。密肋结构骨架的构件一般采用Q235、Q345或550级钢材的冷弯薄壁型钢构件。楼面梁、墙立柱、屋架斜梁等由间距为400~600mm密排布的C形钢构件组成，墙立柱C形钢构件上下端连接顶导梁和底导梁，顶导梁和底导梁使用U形钢。在局部加强位置一般使用两个或两个以上的钢构件组合成的组合柱。钢构件与地基使用螺栓连接，构件之间使用自攻螺钉连接。龙骨内填充保温隔热材料，两侧使用自攻螺钉固定结构板材，再在外墙表面使用涂料或贴饰面砖（图4-7）。密肋结构住宅的竖向载荷由承重墙的立柱承担，水平风载荷与水平地震作用由抗剪墙体承担。这种结构具有质量轻、抗震性好、装配化程度高、绿色可持续等优点。

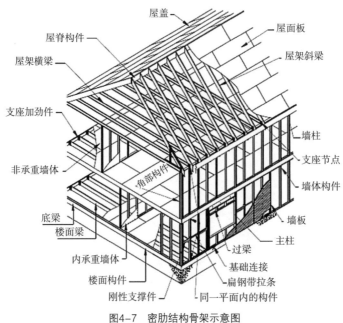

图4-7　密肋结构骨架示意图

图片来源：《低层轻型钢结构装配式住宅技术要求》。

　　密肋结构住宅体系的组成可以分为密肋构件、墙体、楼板、屋盖、构件连接等部分。墙体可分为外墙和内墙，外墙一般在墙体龙骨内填充保温隔热材料，再根据需要使用隔声、防水等材料，最后在龙骨两侧安装结构板材，结构板材一般选用9.0mm厚定向刨花板、石膏板、胶合板或8.0mm厚水泥纤维板、钢板等。外墙墙体内侧通常使用石膏板，喷涂涂料、贴砌饰面砖或装饰面板等。内墙使用保温隔热材料填充在龙骨中间，龙骨两侧安装石膏板，内墙厚度较小，对保温、隔热、隔声的要求不高（图4-8）。

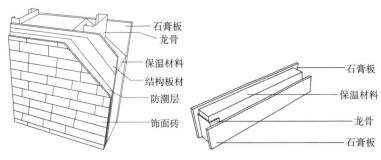

石膏板
龙骨
保温材料
结构板材
防潮层
饰面砖

石膏板
保温材料
龙骨
石膏板

图4-8　外墙（左）、内墙（右）的构造示意图

　　密肋结构的楼面梁龙骨使用C形钢以400~600mm的间距铺设，一般间距是600mm，U形钢通常放在C形钢的端头，起到包固的作用。相交的位置用角钢或加强短肋连接。楼板梁开洞处宽度不应超过2.4m，洞口周边采用组合型截面的钢梁，拼合钢构件之间使用螺钉连接（图4-9）。楼板从上到下的组成一般是：木地板或地砖装饰面层+防潮层+结构面板+钢梁+保温材料+吊顶石膏板（图4-10）。结构面板与楼板龙骨之间使用自攻螺钉连接。

　　密肋结构屋架一般采用三角形屋架，整体跨度为6~15m，屋面坡度适宜1:4~1:1（图4-11）。屋架每一榀的间距与龙骨立柱间距一致，为400mm或600mm。檐口采用4个以上铆钉连接，支撑件间距为1200mm，檩条可采用40mm×40mm×1.6mm，间距为600mm。

　　根据每平方米用钢量的多少，密肋结构体系又分为轻型密肋结构和超轻型密肋结构。轻型密肋结构用钢量一般在35~45kg/m^2。我国轻型密肋结构体系源自于北美体系，又根据我国国情对北美体系的屋架做了一些改进，构件采用小截面龙骨，布置和做法也有区别，大大节约钢材用量和造价。超轻型密肋结构用钢量一般在35kg/m^{2}以下。目前发展比较成熟的超轻型密肋结构有澳大利亚冷弯薄壁钢结构体系[41]、日本KC型薄板钢骨建筑体系[42]、我国北新集团薄板钢骨住宅体系、谢

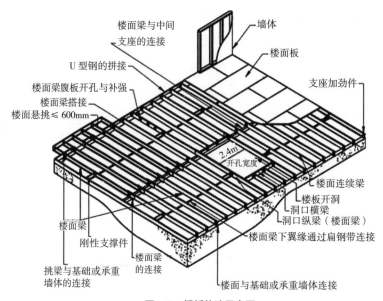

图4-9 楼板构造示意图

图片来源:《低层轻型钢结构装配式住宅技术要求》。

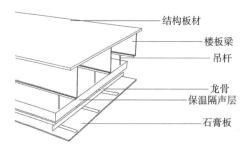

图4-10 楼板构造示意图

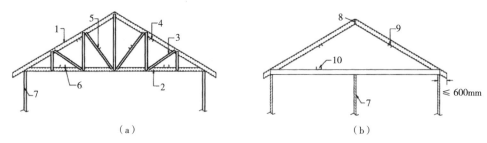

（a） （b）

1—上弦；2—下弦；3—腹杆；4—上弦下翼缘支撑；5—腹杆支撑；6—下弦上翼缘支撑；7—墙架柱；
8—屋脊梁；9—斜梁下翼缘支撑；10—屋面梁上翼缘支撑

图4-11 密肋结构屋架构造

（a）桁架屋架；（b）人字形斜梁屋架

图片来源:《冷弯薄壁轻钢多层住宅技术标准》。

英俊的钢结构住宅等。其中我国北新集团自2002年9月引进日本的薄板轻量型钢结构技术后，进行了大量的结构实验及理论分析，实现了技术的国产化，并建立了与我国相关规范、法规相协调的薄板钢骨建筑体系标准——《薄板钢骨建筑体系技术规程》。谢英俊先生的轻钢住宅结构构件以C形、U形冷弯薄壁轻钢材料为主，构件通过连接件铰接，组合成梁、柱、斜撑、檩和椽子等（图4-12），用钢量约

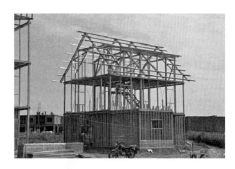

图4-12　河南信阳肖王家屋钢骨架
图片来源：武玉艳.谢英俊的乡村建筑营造原理、方法和技术研究[D].西安：西安建筑科技大学，2014.

30kg/m^2。谢英俊先生的简化构法具体包括：材料构件尽量现场裁剪、制作，降低运输消耗的同时又降低对高级工具的依赖；构件使用螺栓铰接，在地面组合每"榀"钢架，采用人工立架和连接；简化和暴露连接节点，使连接技术清晰简单、便于操作和更换，降低和减少住宅工艺精度[43]。

（2）框架结构体系

钢框架结构是以梁柱承重，钢柱和钢梁构件采用焊接和螺栓连接而成，柱多采用H形截面钢或钢管，梁采用H形钢。框架结构与我国传统的抬梁木构架相似，在基础上立柱，在柱上架梁，载荷由梁柱传递，墙体不起承重作用。与密肋结构不同的是，钢构件厚度较大，柱与柱之间也没有密排的龙骨。框架结构具有构件类型少、材料质量均匀、强度高、抗震性好、构造相对简单、便于工业化施工、空间布局灵活等优点。在应用于低层住宅时，常用纯框架结构体系及框架—支撑体系，框架—支撑体系是在使用钢梁、钢柱的基础上使用支撑构件，使结构更加牢固稳定。

框架结构住宅可根据住宅载荷情况在框架中加入支撑，使结构更牢固，抗震性更好。柱网排布可采用大跨度或小开间的形式，也可将两者结合。由于墙体不承重，所以立面开窗开门都很自由。框架结构住宅适宜采用刚性连接，使其具有足够的刚度。钢骨架节点之间通过角钢连接件、高强螺栓、自攻螺钉连接或焊接。梁柱一般采用柱贯通构造的方法，采用方（矩）形钢管时可以采用隔板贯通的构造方法[44]。梁柱节点适合采用栓焊连接，依据不同地区的抗震设防标准，钢柱连接节点的构造强度会有所不同，地震区需采用高强度的连接构造（图4-13）。框架结构上下柱子一般使用焊接或构件连接（图4-14）。低层框架结构一般采用埋入式柱脚，将柱下端的力很好地传递给基础（图4-15）。

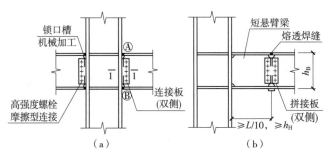

图4-13　框架结构住宅梁柱连接节点

（a）梁柱栓焊连接；（b）短悬臂栓焊连接

图片来源：《钢结构住宅设计规范》CECS261：2009。

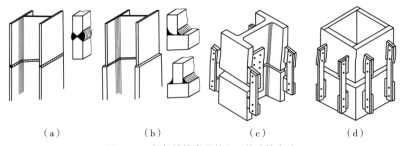

图4-14　框架结构常用的上下柱连接方式

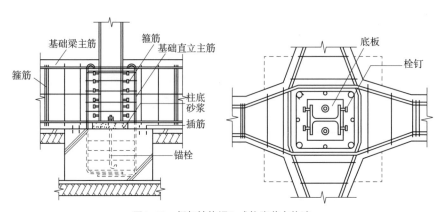

图4-15　框架结构埋入式柱脚节点构造

1）框架砌块结构

框架砌块结构是由承重框架和填充砌块组成。内外墙体采用砌块材料仅承担自重或部分承重，起到围护和分隔的作用。砌块通过水泥砂浆与周围的钢梁和钢柱连接。砌块材料加工工艺简单，造价低廉，一般采用内嵌式安装方式，是框架结构住宅墙体材料的主导产品之一。目前，用于钢结构住宅的砌块材料很多，应用比较多的有蒸压加气混凝土砌块（ALC砌块）、小型混凝土空心砌块、石膏砌块、粉煤灰砌块等。

2）框架条板结构

框架条板结构是由承重框架和条板墙体组成。条板是集合多种材料和工艺在工厂预制加工而成的复合条板。条板预制率较砌块材料更高，是钢结构住宅外墙体发展的主要方向。新芽轻钢框架复合结构是香港中文大学朱竞翔教授的研究团队自2008年开始研发并逐步完善的一种基于轻钢框架和木基板材的复合建筑系统，属于框架条板结构的一种。轻钢框架承担竖向载荷，木基板材承担水平侧向力和局部重力，使结构更加稳固，也解决了钢结构外露的问题。结构体系轻质高强、可多次拆卸、具有较好的抗震防风作用，木基板材一体化设计杜绝了冷、热桥问题，带来稳定、舒适的室内环境。

3）框架大板结构

框架大板结构是由承重框架和大板组成。框架大板结构是一种工业化、装配化程度很高的外墙形式，可以实现标准化生产和体系化装配。大板即预制复合大板，大小宽度一般为整个柱网开间或功能开间，高度为一层或两层层高，门窗洞口提前预留好，墙板既可以分隔空间又可以作为承重结构。板材在工厂预制，现场直接吊装，再进行接缝密闭处理。这类墙板工业化程度高，施工速度快，框架大板结构可以在工厂实现60%的工程量。框架大板结构在我国应用较少，莱钢H钢框架大板体系是目前我国应用较为成熟的大板体系。

4.3　村镇住宅建造关键技术——围护结构体系

住宅的外围护体系主要包括建筑墙体和建筑屋面。在满足抗震、防水等基本安全要求的条件下，需要考虑建筑形体、围护结构的保温隔热等性能。建筑形体主要包括建筑的朝向、建筑的体形系数、建筑的窗墙比等。合理设计建筑形体，可以从根本上减少建筑的能耗需求，是建筑被动式节能设计理念的有效体现。建筑良好的围护结构可以防止建筑内部能量的损失，阻止建筑外部热量的侵入，是建筑节能的重要组成部分，其各部分节能技术的综合运用是能否达到节能标准的关键，也是降低空调系统能耗的关键。围护结构保温主要包括建筑墙体保温、屋面保温、外窗及幕墙系统保温。建筑围护结构的保温对于严寒、寒冷及夏热冬冷地区均有较好的节能效果。

农村住宅建筑墙体保温与隔热根据保温层在墙体中的位置分为墙体外保温、墙体内保温、墙体夹芯保温以及综合保温法。从保温效果和对墙体保护的角度来看，保温层放置在结构层外侧最佳，这使得墙体各个部位得到良好的保护，可以提高建筑墙体结构各个部位的耐久性，而且一般建筑结构层的热容量比保温层的热容量要大，可以较好地维持住宅内部的温度。墙体内保温对建筑墙体的结构层不能起到太大的保护作用，但是其施工比较简单，可直接在外墙内侧添加隔热材料。两种做法均适合于农村住宅的新建与改造。墙体夹芯保温的主要做法是将保温材料置于结构层的中间，这类保温层材料一般为空气间层或者为泡沫塑料，但是这类做法在国内使用较少，且农村建造技术条件不能满足此做法的要求。综合保温法是指使用多种保温构造方式对墙体进行保温与隔热，这种方法综合了各种做法的优点，但对墙体结构要求较高。

屋顶的保温与隔热方式和墙体有些类似，包括保温层位于防水层下、保温层位于防水层上、保温层与结构层结合，当然还有蓄水屋顶和绿化屋顶。以上屋顶保温隔热形式在我国建筑屋面使用较为广泛。近年来农村住宅比较流行太阳能屋顶，平屋面或者结合坡屋面放置太阳能光伏板，可以将太阳能转换为热能或电能，在一定程度上满足了乡村家庭的用能需求。

4.3.1　外墙体系

（1）块材墙体系

我国传统的村镇住宅外墙普遍采用黏土砖，但由于对环境和耕地的破坏，我国已经禁止生产和使用黏土砖。砌块外墙其形态和施工方式与黏土砖较为相似，在村镇地区接受度较高，是替代黏土砖的较优选择。目前市场上新型砌块种类较多，包括空腔砌块、粉煤灰砌块、蒸压加气混凝土砌块等多种类型，详见表4-2。

表4-2　部分典型外墙材料——砌块类

名称	常用规格尺寸（mm）	导热系数[W/（m·K）]	容重（kg/m³）	性能	简介
陶粒混凝土空心砌块	390×240×190 390×190×190	0.2~0.7	800~1900	高强、质轻、保温、耐火、结合力好	采用水泥、骨料、工业废渣为原料，加工能耗比实心黏土砖低2/3，可用作承重墙
蒸压加气混凝土砌块	600×200×100	0.1~0.2	600~750	密度低、保温隔热性好、隔声防火、可加工性好	作外墙时可不设保温层，施工简单，连接简单，质量易控[45]，规格品种多
粉煤灰砌块	240×115×53	0.23	1540~1640	保温隔热、抗冻、耐水、干湿交替循环	不宜用于高温、潮湿、酸性环境，体积重量较大，施工不太方便

名称	常用规格尺寸（mm）	导热系数[W/（m·K）]	容重（kg/m³）	性能	简介
轻骨料混凝土砌块	240×115×53	0.87	1700	耐火性4h、抗冻性好、质轻高强、自重轻、抗渗性好、耐久性好	自重轻，基础费用低，可降低建造成本5%～10%
蒸压灰砂砌块	240×115×53	1.1	300~800	抗冻、耐水吸水、耐高温、耐腐蚀、强度稳定	原料使用农业、工业废渣，减少环境污染，减少黏土砖的使用，保护耕地
石膏砌块	600×500×100	0.18~0.56	600~900	耐火性3h、可调节室内空气湿度、加工性好、不易开裂、质轻高强、隔声性好	施工方便，效率高，环保可循环，墙面平整，无需抹灰，节省装修费用
粉煤灰砌块	240×115×53	0.23	1540~1640	保温隔热、抗冻性好、耐水、干湿交替循环、强度高、节能性好、隔声性好、加工性好	利用粉煤灰、炉渣、砂子等废弃资源为原材料，绿色环保
烧结煤矸石多孔砖	240×115×90	0.54	1400	自重轻、保温隔热、建筑节能	以黏土、页岩、煤矸石、粉煤灰等为主要原料，焙烧而成

除表4-2列举的种类外，近期随着工艺增加，市场上也出现了部分新型砌块，如高性能砌块、绿色建材砌块、多功能复合砌体等，详见表4-1。

外墙所用砌块加工工艺简单，造价低廉，对生产原料和加工工艺要求低；但容易产生冷热桥，且砌块自重较大，不利于发挥钢结构自重轻的优势，同时也无法应用于轻型木结构中。在运输方面，砌块运输方便，在施工方面，对施工技术要求不高，在村镇地区应用普遍；但现场施工量大，施工速度慢，不能较好地适应装配化施工以及村镇住宅产业化发展趋势。

（2）板筑墙体系

现场立模板浇筑或夯筑而成的墙体为板筑墙，例如现浇混凝土墙等。混凝土材料本身并不具有良好的保温性能，但鉴于混凝土材料的流动性，可在现场浇筑或工厂预制时加入具有保温性能的材料，形成不需要后续进行额外保温处理的自保温混凝土外墙。目前，市面上常见的自保温混凝土外墙有泡沫混凝土墙体和陶粒轻骨料混凝土墙体等。无论是泡沫混凝土还是陶粒轻骨料混凝土，其施工工艺和技术都与普通混凝土差别不大，不需要特殊的生产设备和施工工艺，仅作为一种外加剂与原始混凝土材料混合，既可以进行现场浇筑和泵送，也可以在工厂进行模具预制生产，但其保温性能却有很大的提高，且不会影响后续装修和吊挂物品。

泡沫混凝土是将发泡剂充分发泡后与水泥浆混合，然后进行现场浇筑或在工厂预制成型，经养护后形成的一种内部含有大量封闭气孔的自保温材料。泡沫混凝土内部的大量气泡和微孔能够有效地增加混凝土墙体的保温性能，可达到普通混凝土的10倍，在相同的供暖条件下，泡沫混凝土房屋的室内温度可比传统黏土砖房屋提高5℃以上。

陶粒轻骨料混凝土是在普通混凝土浆体中加入粉煤灰陶粒、膨胀矿渣珠等轻骨料，通过现浇或工厂预制的方式形成墙体结构。陶粒轻骨料混凝土墙具有耐火性好、强度高、导热系数低等特点，其导热系数是普通混凝土的1/6~1/3，因此能够有效提高房屋外墙的保温性能。

（3）板材墙体系

外墙所用条板分为单一材料条板和复合材料条板，其中复合材料条板又分为工厂复合和现场复合两类（表4-3）。条板预制率更高，能够满足住宅外墙保温节能的要求，提高能源利用率，是值得大力推广和应用的新型绿色外墙材料，同时可以很好地适应住宅产业化的发展趋势，是住宅外墙体发展的主要方向之一。不同条板的材料性能见表4-4。外墙板从工艺到生产要求都比较高，对节点构造、施工安装要求也很高，目前外墙条板在我国应用的时间比较短，构造和施工技术不够成熟，外墙板材类型较少，应用范围有限。

表4-3 条板类外墙材料类型

材料类型		产品名称	特点	运输装配	耐久性
单一材料条板		蒸压加气混凝土条板（ALC）、伊通板、玻璃纤维增强水泥轻质条板（GRC 板）、3E 板	板缝处保温隔热性能较弱	密度小，便于运输装配	接缝材料容易老化，修复容易
复合条板	工厂复合墙板	ASA 系列复合板材、达权复合夹芯板条板、钢丝网架水泥岩棉夹芯板（GSY 板）、钢丝网架水泥聚苯乙烯夹芯板（GSJ 板）、钢筋陶粒混凝土轻质墙板、植物纤维强化空心（加芯）条板、硅酸钙墙板、薄壁混凝土岩棉复合外墙板、金属复合板、泰柏板	保温层和面层复合生产，安装时板端不连续，易产生冷热桥	重量体积较大，运输装配略有不便	接缝材料容易老化，面层容易开裂
	现场复合墙板	CCA 板灌浆墙、金邦板、轻骨料混凝土板材	墙体现场复合，施工工序较复杂。墙体整体性和保温隔热性能更好	现场复合，施工工序较复杂	耐久性好

表 4-4　典型外墙条板材料性能

名称 性能	常用厚度 （mm）	导热系数 [W/（m·K）]	隔声 （dB）	容重 （kg/m³）	耐火 （h）
蒸压加气混凝土条板 （ALC 板）	100、150	1.21	＞46	500	＞3
玻璃纤维增强水泥轻质条板（GRC 板）	100（空心）	0.106	＞41~43	450	不燃
泰柏板水泥砂浆 复合板	110	0.64	＞41~44	600~1000	＞1.2
陶粒混凝土板	120	≤2	≥45	≤125	≥2.0
钢丝网架水泥聚苯乙烯夹芯板（GSJ 板）	110	≥0.65	≥40	—	≥1h
钢丝网架水泥岩棉 夹芯板（GSY 板）	160	0.7	≥45	—	≥2h
薄壁混凝土 岩棉复合外墙板	140~160	0.55	—	100~200	≥3h
金邦板复合墙板	120~240	0.45	≥45	—	≥1.8h
伊通板	150	0.109	30~50	400~650	≥4h
达权复合夹芯板条板	60~120	<1.0	40~53	450~950	≥4h
太空板	300	0.21~0.25	≥45	600~800	—

　　外墙所用大板即预制复合大板，一般为整个柱网开间或功能开间，高度为一层或两层层高，门窗洞口提前预留好。板材在工厂预制、现场吊装，再进行接缝密闭处理。这类墙板工业化程度高，施工速度快。目前，由于我国技术水平和材料种类的限制，大板墙体结构简单、造型单一，板与板之间的连接、节点温差、水电管线、饰面装饰等问题都还没有很好地解决[47]。这类墙板主要有金属保温复合板（金属三明治板）、蒸压加气混凝土复合大板、轻钢龙骨复合大板、钢丝网架复合大板、钢丝网架复合墙板（LCC-C板）、太空板等。大板采用整体外挂式安装方式与主体结构相连，工业化程度高。大板外墙比条板具有更高的预制率，施工速度更快，但由于其构件尺寸较大，对村镇地区的交通运输和吊装设备等条件具有一定的挑战。

　　复合板式墙体以SIP板复合墙体、轻质麦秸复合墙体和轻质粉煤灰复合墙体为代表。SIP板复合墙体是一种由外挂板、隔气膜、SIP板、石膏板组成的预制复合墙体（图4-16）。SIP板是一种采用面板和中间的复合保温芯组合而成的复合结构板，具有一定的承载力，可以作为承重墙，同时具有良好的保温隔热性能。这种预制式墙体可以在工厂进行预制加工生产，生产后将SIP板直接运输到现场，然后直接将SIP板使用电钻钉在龙骨框架中（图4-17）。墙体组装十分快速方便，一榀

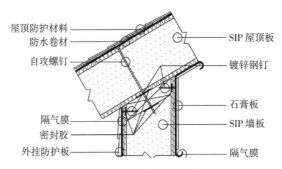

图4-16　SIP墙体和屋顶示意图

图片来源：李峻宇.夏热冬冷地区胶合木结构农房墙体构造技术研究[D].郑州：郑州大学，2019.

图4-17　预制组合式墙体现场安装过程

图片来源：李峻宇.夏热冬冷地区胶合木结构农房墙体构造技术研究[D].郑州：郑州大学，2019.

框架墙体仅需要2~3个工人，安装15~30min即可完成，不需要大型吊装设备。轻质麦秸复合墙体是一种以农业剩余物秸秆复合板作为主体材料的复合墙体，外墙板为8mm厚OSB刨花板，中间保温层使用80mm厚麦秸复合板。这种复合墙体可以用作框架建筑的内墙或者外墙，具有重量轻、保温、隔热、防水防腐、价格低廉等优势。

集成保温复合混凝土墙是在预制工厂将混凝土结构层和保温层进行一体化浇筑，或通过垂直贯穿的连接杆将混凝土板与保温板材连接固定成型的外墙形式，由内至外依次为混凝土内层、保温层、无纺布、防水层和混凝土外层。该种复合外墙能够有效提高保温层材料的耐久性，达到保温与结构同寿命。

多功能集成复合外墙是目前住宅市场上一种产业化程度较高的预制外墙，是在工厂预制过程中将混凝土墙板、保温层、外饰面层进行集成后，运输到现场直接进行装配的预制外墙形式，能够同时满足墙板结构外墙对于承重、保温隔热、外部装饰等要求。如集成装饰预制混凝土墙能够较好地解决后贴饰面容易出现的砂浆不饱满、雨水渗透和膨胀脱落等问题。集成装饰预制混凝土墙体整体性强，现场施工快，能够有效缩短工期。目前常采用的反打工艺是指首先在模具上按照外部装饰的要求进行饰面层（砖）的排版和固定，饰面层要进行背面的榫槽或锚固处理，以增强混凝土与饰面层的结合强度，然后浇筑混凝土，在混凝土的硬化过程中与饰面砖紧密结合，形成具有良好装饰性和耐久性的复合墙体。在混凝土浆体中加入泡沫和陶粒等轻骨料进行浇筑，即可形成结构、保温、装饰一体化的预制混凝土墙。除此之外，还可采用钢连接件将混凝土结构层、保温层和外饰面砖进行连接固定形成结构保温装饰一体化墙板。多功能集成复合外墙的特点是产业化程度高，现场湿作业少，省去了现场保温、装饰等后续步骤，提高了房屋建造的施工效率。

（4）轻骨架墙体系

在木结构体系及钢结构体系中，现场组装式轻骨架墙体最为常见。现场组装式轻骨架墙体由龙骨、内外覆面板、保温层、防潮层等共同组成（表4-5）。内外覆面板一般选用OSB板、石膏板、胶合板等；保温材料一般选用岩棉、玻纤棉、XPS挤塑式聚苯乙烯等；防潮层一般使用防潮纸、呼吸纸、聚丙烯薄膜等。以木结构体系为例，现场组装式木龙骨墙体可分为普通木龙骨墙体和高性能木龙骨墙体。

表4-5 现场组装式轻骨架墙体选用材料

面层	选用材料
内外覆面板	OSB 板、石膏板、胶合板、纤维水泥板
保温层	岩棉、玻纤棉、XPS 挤塑式聚苯乙烯
防潮层	防潮纸、呼吸纸、聚丙烯薄膜

普通木龙骨墙体主要是由自身的木龙骨承载房屋竖向和水平荷载，并将荷载传递到主体结构中，这种墙体是一个自承重体系[46]。由于木龙骨墙体自重轻，主体结构所承受的荷载小，因而整体抗震性更好。在现场安装时，先组装墙体中的木龙骨，将木龙骨骨架嵌入木结构框架中，再将外墙板钉在木龙骨上，填入保温材料，最后安装内墙板（图4-18）。所有的构件尺寸进行标准化设计，均可在工厂预制加工，现场组装加工非常方便。这种墙体一般由外墙板、防雨幕墙、防潮

图4-18　现场组装式木龙骨墙体安装过程

图片来源：李峻宇.夏热冬冷地区胶合木结构农房墙体构造技术研究[D].郑州：郑州大学，2019.

层、OSB刨花板、玻纤棉保温材料、石膏板等组成。在湿热地区，建议在外部铺设双层防水材料，如浸透沥青和树脂的覆面板包层薄膜。普通木龙骨墙体由于成本较低，是目前应用最广的木结构墙体之一。

高性能木龙骨墙体是一种由外墙板、防雨幕墙、XPS板、防潮层、OSB刨花板、玻纤棉保温材料、石膏板组成的高性能复合墙体（图4-19）。XPS板全称为挤塑式聚苯乙烯隔热保温板，厚度一般为25mm，具有气密性强、阻止水蒸气扩散、保温性好等特性。防潮层可使用防潮纸或者传统的房屋包层材料，防潮纸成本较低。外墙板可以采用针叶胶合板或OSB刨花板，具有蒸汽阻隔功能，与XPS板结合共同组成连续气密结构。此墙体整体表现性好，在潮湿地区表现更好，但相应的成本更高。

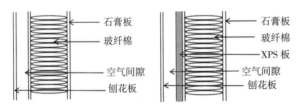

图4-19　普通木龙骨墙体和高性能木龙骨墙体

4.3.2　楼板体系

楼板起到承担竖向荷载和传递水平荷载的作用，因此其需要具有足够的强度、刚度、稳定性和承载能力，以保证梁的整体稳定性和载荷能力。对于村镇地区的住宅而言，楼板还应具备构造简单、施工效率高、整体性好、坚固耐用、造价合理等条件。根据楼板的施工方式和形态，可分为现浇楼板和预制楼板两类。

（1）现浇楼板

钢筋混凝土现浇楼板需在现场进行模板支护、钢筋布置和绑扎后，浇筑混凝土材料，待养护达到结构强度后拆除模板。现浇楼板与框架结构的梁或墙板结构的承重墙能够紧密结合，结构整体性较高，但现场湿作业工作量大，且需要在现场进行养护，总体施工速度慢。

在钢结构住宅体系中，现浇钢筋混凝土楼板是以钢骨架为支撑，在钢骨架上铺设轻质混凝土，混凝土保护层与钢骨架结构连接并设有加强筋，形成楼板体系。最典型的即是压型钢板组合楼板。现浇的压型钢板组合楼板是以压型钢板作为永久底板铺设在钢梁上，上面配置构造钢筋网，再浇筑混凝土。该楼板体系在我国应用较早，缺点是绑扎钢筋的工作量大，劳动效率低，钢筋间距不均匀，与现浇楼板相比，材料费偏高。但这种楼板采用压型钢板作为永久模板可以多层同时施工，施工时无需支模、拆模，施工方便，能有效缩短施工周期和降低施工成本。板肋间沟槽方便管线铺设，合理利用空间，能增大建筑净高。由于镀锌压型钢板板底不平整，双向受力不一致，在实际应用中需要考虑吊顶、防火防腐等问题。

（2）预制楼板

预制楼板体系根据材料可分为预制条板及预制大板两类，其中钢筋混凝土预制大板可分为全预制大板和叠合大板。全预制大板是在工厂预制，板四边出筋，运送到施工现场与梁或承重墙固定后，板缝需要支设模板浇筑混凝土，从而与房屋结构连接为整体。叠合大板是在工厂预制混凝土底板，预埋预应力钢筋，进行表面钢筋桁架绑扎，运送到现场后叠合板的钢筋桁架与梁或承重墙的钢筋进行连接锚固，然后二次浇筑混凝土，形成完整的楼板，并与梁或承重墙紧密结合，预制混凝土底板与现浇混凝土层共同承担和传递荷载。

混凝土楼板的叠合还可将预制混凝土底板替换为钢承板，其施工工艺与混凝土叠合板相同。两者相比，混凝土底板叠合板预制混凝土层厚度较大，整体构件比较重，对运输车辆和现场吊装等都有一定的要求；钢承板叠合板底板厚度较薄，重量较轻，运输和现场安装更方便，但板的跨度比预制混凝土底板小，当跨度较大时需在板底设置临时支撑。

预应力混凝土叠合板是由预制混凝土底板与现浇混凝土相结合的一种楼板形式。预制底板厚5~8cm，预埋预应力钢筋和钢筋桁架，具有较好的整体性、抗裂性、承载力等性能，现场施工无需模板，与现浇层混凝土共同承担和转递荷载（图4-20）。该底板自重较大、无支撑、运输困难，为了优化叠合板的性能，有厂家研发出了带肋的PK预应力叠合楼板[48]。

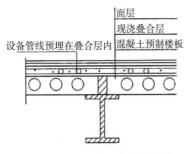

图4-20 预制预应力混凝土叠合板

轻钢楼板是一种在工厂预制，在施工现场进行焊接拼装的楼板形式，分为单向楼板和双向楼板。首先将槽钢通过螺栓连接在建筑物的圈梁上，在槽钢上设置平行桁架，平行桁架一般使用120mm的工字钢作为横梁，然后在桁架之间使用另外几组平行桁架做纵向连接形成双向交叉骨架。骨架间可以填充聚苯板、加气混凝土或粉煤灰发泡等材料，起到隔声、隔热的作用，此种楼板经常用于扩建夹层使用。

目前我国楼板体系工业化程度不够高，还处在从传统设计建造方式向工业化建造方式过渡的阶段。楼板的装配化程度、施工、空间效果、造价等方面均有所不同（表4-6），可根据实际情况选择合适的楼板。

表4-6 住宅典型楼板对比分析

楼板	装配化程度	施工效率	造价
现浇钢筋混凝土楼板	低	需支模，工期长	较低
预制钢筋混凝土楼板	大部分装配化	大部分干作业，施工快	中等
预制加气混凝土板	大部分装配化	大部分干作业，施工快	中等
预应力混凝土叠合板	部分装配化	叠合层需现浇	中等
钢丝网架水泥夹芯楼板	部分装配化	大部分干作业施工，工厂制作复杂	高
压型钢板现浇混凝土组合楼板	较低	大量湿作业，无需支模	较高
压型钢板干式组合楼板	全部装配化	全部干作业，施工快	高

以上从装配化程度、施工效率和造价方面对比分析了典型楼板体系。我国村镇住宅今后的发展趋势为装配化程度越来越高，并逐渐避免现场湿作业。

4.3.3 屋顶体系

屋顶是住宅的重要组成部分，有空间围护、保温隔热、承担荷载和抵御外部干扰等作用。屋顶的形式有：平屋顶、单坡屋顶、双坡屋顶、四坡屋顶、复斜屋顶等（图4-21）。在我国广大村镇地区，主要有平屋顶和坡屋顶两种类型，拱形顶仅在窑洞等具有特殊地域性的村镇住宅中使用。以下从屋顶形式、屋顶构造、屋顶材料三个方面研究屋顶体系。

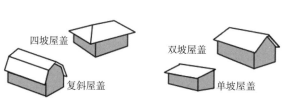

图4-21　不同形式的屋顶
图片来源：《轻型木结构施工指南》。

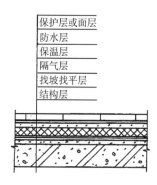

图4-22　屋面构造大样

（1）平屋顶

平屋顶的屋顶坡度很小，在2%~5%之间，基本是平行于建筑楼面的，由结构层、保温层、隔热层、防水层等构成。这种屋顶构造简单、节省用材，平屋顶还可以将上面做成阳台、晒台、屋顶花园等。但由于平屋顶坡度很小，容易造成雨天积水，排水不便，会产生漏雨情况。在混凝土结构体系住宅和砌体结构住宅中，平屋顶的结构形式与楼板类似，按照楼板分类标准将平屋顶分为钢筋混凝土现浇屋顶、预制条板屋顶和预制大板屋顶。与楼板不同的是，屋顶作为整个房屋的外围护层，需额外进行保温隔热和防水等处理，上人屋面还会在面层进行面砖等保护层处理（图4-22）。

（2）坡屋顶

坡屋顶主要分为钢屋架和木屋架两种形式。由于我国的木材资源并不丰富，而钢产量较大，且木屋架与钢屋架的构造类似，故坡屋顶部分主要对钢屋架进行探讨。钢结构屋架采用型钢、圆钢等钢材组成各种形式的钢架，每榀钢架两端设置有支座板，方便搁置到混凝土或砌体房屋结构上，然后可采用螺栓连接、焊接等方式与主体结构连接，多榀钢架构成完整的钢结构屋架。钢屋架上可以固定轻质混凝土预制条板作为屋顶的结构板材，然后再进行保温层、防水层和屋面瓦等构造处理（表4-7）。

表 4-7　常用的钢结构坡屋面各层材料

材料类型	材料名称
保温材料	挤塑聚苯乙烯泡沫塑料、聚苯板、加气混凝土板、泡沫塑料板、膨胀珍珠岩板、无机发泡保温板
防水材料	SBS改性沥青类防水卷材、高分子类防水卷材
屋面板材	胶合板、中密度纤维板（MDF板）等
屋面瓦	水泥彩瓦、玻纤瓦、黏土瓦、彩钢瓦、彩色混凝土瓦、沥青油毡瓦、合成树脂瓦等

各地区气候条件不同，屋顶功能的侧重点也不同。寒冷地区村镇钢结构住宅的屋顶需要重点考虑保温问题；夏热冬冷区、夏热冬暖区夏季闷热多雨，屋顶则需要考虑隔热通风性；我国南方地区多雨水，屋顶需要考虑排水、防潮、防腐问题。各地区需要根据当地的热工要求和气候条件来选择屋面材料和构造做法。钢结构住宅典型的屋面构造以及适用地区见表4-8。

表4-8　钢结构住宅典型屋面构造及适用地区参考

屋面类型	构造做法参考（从外到内）	适用地区
保温型	覆瓦 30mm×50mm 挂瓦条 30mm×50mm 顺水条 防水层 板材 340mm 厚聚苯板保温材料 板材 防潮层 钢结构内填保温材料	严寒地区、寒冷地区
防水型	覆瓦 30mm×50mm 挂瓦条 30mm×50mm 顺水条 预制混凝土板保护层 聚苯乙烯泡沫板 1mm 厚油毡防水层 24mm 厚欧松板（OSB 板） PE 防潮层 钢结构内填保温材料	夏热冬暖地区
隔热型	覆瓦 30mm×50mm 挂瓦条 30mm×50mm 顺水条 隔热板通风层 油毡防水层 板材 340mm 厚聚苯板保温材料 PE 防潮层 钢结构内填保温材料	夏热冬冷地区、夏热冬暖地区
轻质型	覆瓦 30mm×50mm 挂瓦条 30mm×50mm 顺水条 防水层 轻质板材 轻质保温材料 防潮层 钢结构内填保温材料	温和地区

4.4　村镇住宅建造关键技术——功能支持体系

4.4.1　隔墙体系

隔墙主要分为块材隔墙、条板隔墙和骨架式隔墙三种类型。

（1）块材隔墙

块材隔墙是使用轻型砌体建材通过胶结等办法构成的轻型墙体。这种类型的隔墙具有重量轻、强度好、保温性能良好、不易腐蚀等特点，既可以用在普通空间的分割上，也可以用在厨房、卫生间等潮湿的环境，但是相对其他种类隔墙自重较大。在构造方面，砌块墙体两侧一般会增加一层玻纤布或钢丝网来增强整体性，防止墙体开裂。砌块类隔墙在我国应用广泛，构造图集全面且详尽，是一种应用成熟的隔墙体系。块材隔墙又可分为轻质砌块隔墙和混凝土砌块隔墙。目前市场上采用较多的是混凝土砌块隔墙，包括空腔混凝土砌块、粉煤灰混凝土砌块、蒸压加气混凝土砌块等。砌块运输方便，对施工技术要求不高，在村镇地区应用普遍。

（2）条板隔墙

条板隔墙是使用轻质条板通过黏合剂进行拼接组合成的隔墙形式，既不需要设置隔墙龙骨，也不依赖骨架，装配化程度比较高。常见的条板类型有加气混凝土条板、石膏条板、碳化石灰板、石膏珍珠岩板等。条板隔墙的厚度为60~100mm，宽度为600~1000mm，长度会略小于空间净高。安装时固定条板，然后将条板与空间的缝隙进行胶结固定，之后再进行表面装饰处理。这种隔墙本身节能环保，易于安装与拆卸，但是隔声、保温性能略弱于其他两种隔墙类型。条板隔墙材料部分性能详见表4-9。

表4-9　内隔墙材料部分性能

条板材质类型	条板名称	条板特点	条板规格（mm）
单一材质预制条板	蒸压加气混凝土板（ALC板）	保温隔热、质轻高强、耐火阻燃、吸声隔声、耐久性、可加工性强、绿色环保	长度：600 宽度：75（以25递增） 60（以60递增） 厚度：200~300
	石膏空心条板	质量轻、强度高、隔声隔热、防水、施工效率高、无需龙骨	长度：400~3000 宽度：600 厚度：60~120

条板 材质类型	条板名称	条板特点	条板规格（mm）
单一材质 预制条板	真空挤出成型纤维水泥多孔板	外观平整、质地均匀，质量轻，空洞率高，随挤压模口的更换可使断面形状与规格多样化	长度：2000~5000 宽度：600 厚度：60、75、80、90、100、120、140
复合材质 预制条板	水泥蜂窝板	采用仿生技术，用六边形的蜂窝结构做成支撑骨架，墙板整体性好，强度高，不易开裂，防火、隔声效果好	—
	钢丝网架 水泥夹芯板 （GSY板）	质轻高强，两面喷抹砂浆后质量约100kg/m²，具有保温隔热、隔声、防火、抗震、抗冻融等优良性能，运输和施工都很方便	内墙100，两侧表面各有25厚水泥砂浆
	纤维水泥 复合墙板	是新一代绿色环保建材，具有优良的防潮、防火性能	—

轻质条板隔墙以其质轻、环保、高强度、隔热、抗震、隔声、耐潮等性能占据条板隔墙市场首位。这种隔墙自身可以承重，墙体预制好直接安装在主体结构上即可。与传统石膏板相比，具有稳固、耐潮、保温、隔声等优势。目前，常见轻质条板隔墙有轻混凝土空心条板隔墙、玻纤增强水泥条板隔墙、玻纤增强石膏条板隔墙、硅镁加气条板隔墙、粉煤灰泡沫水泥条板隔墙、植物纤维复合条板隔墙、聚苯颗粒水泥复合夹芯条板隔墙、纸蜂窝夹芯复合板隔墙等[49]。

混凝土条板的预制率更高，现场施工更快，且能够通过复合材料或集成的形式达到保温、隔热、隔声等效果，节省了后续工序，顺应住宅产业化的发展趋势。目前，市场上的混凝土条板产品主要有蒸压加气混凝土板（ALC）、陶粒混凝土复合条板等。

（3）骨架式隔墙

骨架式隔墙又称为立筋式隔墙，是将龙骨固定到房屋主体结构上，再在龙骨的两侧覆盖安装墙面板材而形成的轻质隔墙，其特点是质量轻、施工方便快捷，通常是多种材料的组合，还可以在两层面板之间添加岩棉等材料从而达到保温、隔声等效果。骨架式隔墙主要由骨架与面板两个部分组成。首先地面与棚顶设置龙骨，然后依照龙骨位置布置墙筋，最后布置面板。这类隔墙骨架可由木骨架、钢骨架、石膏骨架、石棉水泥骨架等组成，面板种类可以分为胶合板、纤维板、石膏板、石棉水泥板、水泥刨花板、金属薄板等，可根据不同的环境条件选择不同形式进行组合。墙体整体较轻，施工速度快，但是一些墙体内的金属构件在潮湿环境中易受腐蚀。目前，市面上最常见的此类隔墙为轻钢龙骨石膏板隔墙。轻钢龙骨隔墙是以薄壁型轻型钢作为钢骨架，两侧使用石膏板作为墙面板，中间填有保温、隔声、防水材料。其具有重量轻、强度高、保温性好等优势，缺点是怕潮、不能用作承重结构及不宜在厨房、卫生间使用。

4.4.2　门窗体系

窗是指建筑物墙壁上或屋顶上的洞口位置，由窗框、玻璃和活动构件组成，阳光与空气通过窗进入室内。窗按其开启形式可分为固定窗、水平移动窗、上下拉窗、平开窗、外开下悬窗、内开上悬窗、中悬窗等。目前在住宅中最常用的为平开窗和上下旋窗。这两种类型的窗户通风性、密封性较好。窗按窗框材料主要分为钢窗、塑料窗、塑钢窗、断桥铝合金窗、铝包木窗等，详见表4-10。

表4-10　常见窗类型

种类	特点
钢窗	具有较高强度，耐候性能、防火性能较好，但易生锈变形，且钢窗多与单层玻璃组合，热工性能和隔声性能较差
塑料窗	采用塑料型材制作的窗，按材质可分为PVC塑料窗和玻璃钢窗。PVC塑料窗具有耐腐蚀、不易变形、防风、防水、保温良好等特性；玻璃钢窗具有质轻、高强、防腐、保温、绝热、隔声等优点
塑钢窗	窗框材料以聚氯乙烯（PVC）树脂为主要原料，隔热性好，自重小，同时在型材空墙体添加有钢衬，不易变形，坚固耐用。塑钢窗另一大优势为价格经济，比传统铝合金窗低30%~40%，是目前我国建筑中最常使用的一类窗户
断桥铝合金窗	主材是金属材质，强度高，不易破碎，不存在塑钢窗老化的问题；保温隔热性能好，坚实耐用，但价格相对较高
铝包木窗	综合了木质框架隔热性好以及铝合金强度高等优点，整体性好，坚固耐用，密封性好，隔声效果佳。木质窗、铝包木窗在同类型窗的产品中价格都比较高

门是建筑物内外一个空间过渡到另一个空间，为实现分隔空间目的所设置的具有开关功能的建筑实体构件。按照门的主要构成材料分为实木门、钢质门、铁质门、实木复合门、塑料门、不锈钢门、铝合金门等。内门一般使用实木门、实木复合门、塑料门，外门则使用强度高的铁质门、钢质门、铝合金门、不锈钢门。按照门的开启方式可以大致分为平开门、推拉门、折叠门和弹簧门四种；按照门的构造工艺可以分为全实木榫拼门、实木复合门、夹板模压空心门等。门的饰面材质可以分为木皮、人造板、高分子材料三类。

在村镇住宅中比较常见的门有实木门、实木复合门、塑料门、铁质门、钢质门、不锈钢门及铝合金门，依据不同的空间功能设置不同类型的门，详见表4-11。

表4-11　村镇住宅常见门类型

种类	特点
实木门	使用天然原木作为门芯，将原木切割、刨光、打磨、定型而成。实木门具有不易变形、保温隔热性强、隔声效果好、耐腐蚀的性能，适合作为户内门
实木复合门	采用两种或两种以上的材质组成的门，其中门芯常见材料为松木、杉木，外贴面则采用密度板或实木木皮，经高温热压后制成。这种门发挥了不同木材的性能，降低了成本，而且具有很好的保温隔热、隔声、耐腐蚀的效果，适用于室内
塑料门	以PVC塑料为主制成的门，经久耐用、耐腐蚀、质量轻，一般应用于室内外的非主要功能空间
钢质门	使用钢板制成，一般作为入户门，非常的坚固耐用，抗冲击力强，具有很好的防盗效果
铁质门	常用作入户防盗门，由门面板、内芯以及隔热层组成，价格低廉，但外观可塑性较差，容易被腐蚀、生锈以及掉色脱漆，目前应用较少
铝合金门	质量轻，强度高，铝合金型材经过处理后，具有良好的抗腐蚀性能。铝合金型材易于加工，装修效果好，但铝合金门的保温隔热性能较差，结合断热构造以及中空玻璃才可实现保温隔热效果。铝合金门成本费用较高
不锈钢门	常作为入户防盗门，这种门坚固耐用、表面光滑，金属光泽强，不容易生锈，安全性高

4.4.3　部品体系

住宅中常见的构件部品主要有阳台、雨篷、檐口以及栏杆等。

阳台是住宅室内空间的延伸，以悬挑式和嵌入式居多。阳台不仅是具有功能性的空间，同时可丰富住宅建筑立面。传统阳台的建造采用现浇的方式，存在湿作业、污染环境等问题。预制装配式混凝土阳台是将阳台构件在工厂预制加工，检验合格后，运输至现场进行吊装，板底设立柱支顶即可，没有现场浇筑的工作量，施工快，安装方便。预制混凝土阳台有预制梁式阳台、预制板式阳台和叠合板式阳台。阳台板沿悬挑长度方向按200mm的模数设计，预制梁式阳台多为1200~1800mm，预制板式阳台多为1000~1400mm。预制阳台与空调机位一体化阳台板采用标准化、工厂化预制生产，确保连接凹槽、防水企口的标准化、集成化、精确化预留。全预制整体阳台挂板采用成组立模生产工艺，隔板上准确预留防水企口凹槽和后装窗凹槽，保障构件的精度（图4-23）。

栏杆按材料分为PVC栏杆、铁质栏杆、铝合金栏杆、木塑栏杆等。栏杆可以预制，直接运送到现场进行安装，方便快捷，详见表4-12。

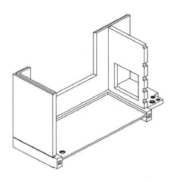

图4-23　预制封闭式阳台示意图

表4-12　常见栏杆分类

种类	特点
PVC 栏杆	主要使用承插式连接件，安装方便，可有多种造型，坚固耐用，使用寿命长、强度高，比铁质栏杆抗冲击性更强，目前较为常见
铁质栏杆	一般会做成比较欧式、古典的形式，花型比较丰富，但不耐腐蚀，易生锈，目前使用较少
铝合金栏杆	不会生锈，耐腐性强，质量轻，强度高，非常的安全，已经成为我国最常用的栏杆产品之一
木塑栏杆	主要使用聚乙烯、聚丙烯、木粉、秸秆等混合压制而成。这种栏杆既有木纹本身的美感质感，又坚固耐用、防水防白蚁、防火，是木质栏杆非常好的替代品

　　檐沟是指安装在屋檐端部，用于承接屋面雨水，收集雨水后沿边进行排水的一种构件。按材料类型分为纯铜檐沟、彩铝檐沟、PVC檐沟、不锈钢檐沟等。其中，PVC檐沟宜老化，彩铝檐沟容易脱色，目前国内外最常使用的檐沟是铜檐沟，其优点是耐腐蚀、使用寿命长、坚固、强度高、不易变形。我国已有多家厂商生产檐沟及其相关构配件，产品包含雨水管、檐沟、天沟、落水系统相关配件等，质量可靠，配件齐全。

　　雨篷在农村住宅中非常常见，一般设置在入户门、外窗的上方，用来遮挡雨雪。雨篷按构件形式可以分为悬式雨篷、墙柱支撑式雨篷和组装式雨篷；按材料分为铝合金雨篷、玻璃雨篷、PC板雨篷、木结构雨篷、混凝土雨篷等。目前，住宅中最常用的是铝合金雨篷，可以悬挂也可以使用铝合金柱支撑，施工安装方便快捷。

第 5 章

绿色宜居村镇住宅建造
评价模型与清单谱系

5.1 "绿色宜居指数"评价模型指标体系构建

我国是一个国土辽阔、经纬跨度广的国家，地区资源、气候、地形地貌、传统文化不尽相同。村镇住宅建造技术体系是构建一个满足各种功能需求，同时又符合村镇建造特点的技术体系集合。绿色宜居村镇住宅建造技术体系集合不仅为村镇居民构建安全、舒适的居住空间，同时也应满足绿色、节能、低碳等相关要求。本课题将村镇住宅建造技术体系分为外围护体系、结构体系、功能支持体系三大技术体系，三大技术体系集合了绿色、宜居特性的村镇住宅建造技术，均能有效改善和提高住宅建筑空间性能，减少环境污染以及碳排放。

鉴于建筑与环境的关系以及建筑系统性的特点，本研究将"绿色宜居指数"评价模型指标体系划分为三个层次：第一层次，以评价技术体系的物理性能为目标设立绿色性和宜居性两个指标；第二层次，包括绿色性相对应的节约性、低碳性、环保性以及与宜居性相对应的安全性、健康性和舒适性；第三层次，包括多条具体的参考内容，具体体现了体系的绿色性和宜居性，使得村镇住宅"绿色宜居指数"评价模型的搭建具有可实施性。

5.2 "绿色宜居指数"评价模型评分标准

节约性指标部分划分为技术体系的节能（材料自身保温性能）、节水（生产施工使用维护过程中）、节材（生产施工使用维护过程中）等性能。在围护结构中主要体现为围护结构技术体系的节能性，主体结构中主要为结构体系的节材性，功能支持体系中为节能性、节材性、节水性的综合考虑。

低碳性指标部分划分为技术体系的生产耗能、运输建造和废弃消解。低碳性主要表现为技术体系全生命周期的碳排放，包括原材料生产、运输、使用、废弃整个生命周期内的碳排放情况。

环保性指标部分划分为技术体系的使用寿命、可再生性和环境污染。环保性主要表现为技术体系的使用寿命、材料的可再生性以及在建造过程中对于周边环境的污染等。

安全性指标部分划分为技术体系的耐燃性、抗震性和抗冻性。安全性主要表现为技术体系符合相应的防火设计要求、耐火等级要求，主体结构体系要满足安全、耐久、抗震的要求。

健康性指标部分划分为技术体系的天然材料、挥发性和放射性。健康性主要表现为技术体系使用材料的天然性以及对室内环境、空气质量的影响，满足室内空气质量标准，主要空气污染物浓度在相关标准规范要求的范围内。

舒适性指标部分划分为技术体系的热惰性、吸声降噪和防水抗渗。舒适性主要表现为技术体系应对不同气候条件下所表现出的耐热性、抗冻性以及抗渗性等特性。

"绿色宜居指数"模型的标准选取更切合村镇现状，同时对所有技术体系在村镇住宅建造技术性能方面进行了客观的评估。

5.3 "绿色宜居指数"评价方法

本课题采用德尔菲法构建村镇住宅"绿色宜居指数"评价体系。德尔菲法是专家调查法中很重要的一种方法，属于反馈匿名函询法的一种，其是根据调查得到的情况，选择一定数量的相关领域专家，凭借专家的知识和经验，直接或经过简单的推算，对研究对象进行综合分析研究，寻求其特性和发展规律，并进行预测的一种方法。德尔菲法预测流程分为4个步骤（图5-1）：一是成立预测工作小组，确定调查目标，并拟订出要求专家回答问题的详细提纲，同时提供有关本次预测主体的背景材料、调查表填写方式、调查提纲回收时间及其他注意事项说明

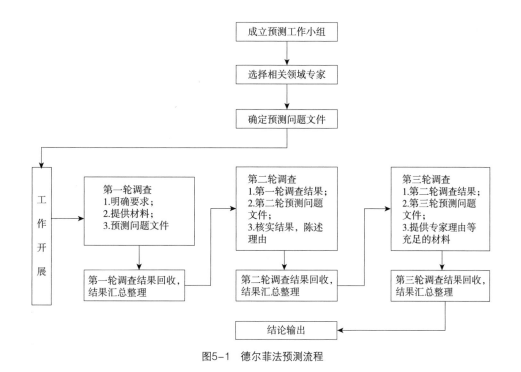

图5-1　德尔菲法预测流程

等文件；二是选择一定数量的本领域内专家，需包括理论和实践等各方面专家；三是工作小组成员经过对问题的具体分析，确定本次的预测问题文件，以线上方式向各位选定专家发出调查提纲；四是对每轮返回的意见进行回收、归纳、统计及反馈。

德尔菲法采取匿名的发函调查形式，它克服了专家会议调查法易受权威影响、易受会议潮流、气氛影响和其他心理影响的缺点。专家们可以不受任何干扰地独立对调查表所提问题发表自己的意见，而且有充分的时间思考和进行调查研究、查阅资料。德尔菲法有三个主要特性：匿名性、反馈性和统计性。

匿名性：从事预测的专家彼此互不知道其他人员参与预测，他们是在完全匿名的情况下交流思想的。匿名性保证了专家意见的充分性和可靠性。

反馈性：由于德尔菲法采用匿名形式，专家之间互不接触，仅靠一轮调查，专家意见往往比较分散，不易得出结论，为了使受邀的专家们能够了解每一轮咨询的汇总情况和其他专家的意见，组织者要对每一轮咨询的结果进行整理、分析、综合，并在下一轮咨询中反馈给每个受邀专家，以便专家们根据新的调查表进一步发表意见。

统计性：在应用德尔菲法进行信息分析与预测研究时，对研究课题的评价或预测既不是由信息分析的研究人员作出的，也不是由个别专家给出的，而是由一批本领域内的专家给出的，并对诸多专家的回馈进行统计学处理。所以，应用德尔菲法所得结果具有统计学的特征，往往以概率的形式出现，它既反映了专家意见的集中程度，又可以反映专家意见的离散程度。

村镇住宅"绿色宜居指数"评价成立的预测工作小组内有7人，负责专家调查文件的编写、本领域内专家确定、专家观点对接及调查结果汇总整理。村镇住宅"绿色宜居指数"评价调查问卷清晰地展示了外围护体系、结构体系、功能支持体系三大体系的所有技术（图5-2部分示意，详细调查问卷内容见附表1）；选择了本领域内10位专家进行三轮调查，三轮调查中，预测工作小组对所有专家填写结果及观点意见进行了回收、归纳、统计及反馈，得出了外围护体系、结构体系、功能支持体系三大体系下的168项技术评价分值。以技术体系"外墙块材墙"为例进行分析（图5-3），在第一次专家评价时，第二项技术"陶粒混凝土空心砌块墙体"环保性指标评价平均分值为2.38分，且各位专家对此项技术分值的评分区间较大，将此结果反映在第一轮调查结果整理汇总文件中，返回给各位专家进行第二轮调查。通过第二轮、第三轮专家评审，第二项技术"陶粒混凝土空心砌块墙体"环保性指标评价平均分值为3.00分、3.14分，各位专家对此项技术分值的评

绿色宜居村镇住宅技术清单及评价表

*1. 蒸压加气混凝土新型砌块墙体

	1	2	3	4	5
节约性（节能、节水、节材）	○	○	○	○	○
低碳性（生产耗能、运输建造、废弃消解）	○	○	○	○	○
环保性（使用寿命、可再生性、环境污染）	○	○	○	○	○
安全性（耐燃性、抗震性、抗冻性）	○	○	○	○	○
健康性（天然材料、挥发性、放射性）	○	○	○	○	○
舒适性（热惰性、吸声降噪、防水抗渗）	○	○	○	○	○

*2. 陶粒混凝土空心砌块墙体

	1	2	3	4	5
节约性（节能、节水、节材）	○	○	○	○	○
低碳性（生产耗能、运输建造、废弃消解）	○	○	○	○	○
环保性（使用寿命、可再生性、环境污染）	○	○	○	○	○
安全性（耐燃性、抗震性、抗冻性）	○	○	○	○	○
健康性（天然材料、挥发性、放射性）	○	○	○	○	○
舒适性（热惰性、吸声降噪、防水抗渗）	○	○	○	○	○

*3. 铝包木节能门窗技术

	1	2	3	4	5
节约性（节能、节水、节材）	○	○	○	○	○
低碳性（生产耗能、运输建造、废弃消解）	○	○	○	○	○
环保性（使用寿命、可再生性、环境污染）	○	○	○	○	○
安全性（耐燃性、抗震性、抗冻性）	○	○	○	○	○
健康性（天然材料、挥发性、放射性）	○	○	○	○	○
舒适性（热惰性、吸声降噪、防水抗渗）	○	○	○	○	○

*4. 低温空气源热泵供暖技术

	1	2	3	4	5
节约性（节能、节水、节材）	○	○	○	○	○
低碳性（生产耗能、运输建造、废弃消解）	○	○	○	○	○
环保性（使用寿命、可再生性、环境污染）	○	○	○	○	○
安全性（耐燃性、抗震性、抗冻性）	○	○	○	○	○
健康性（天然材料、挥发性、放射性）	○	○	○	○	○
舒适性（热惰性、吸声降噪、防水抗渗）	○	○	○	○	○

图5-2　调查问卷展示

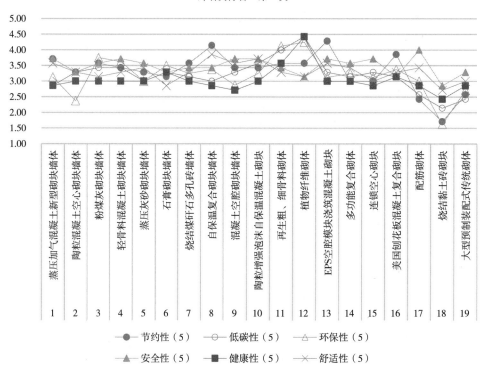

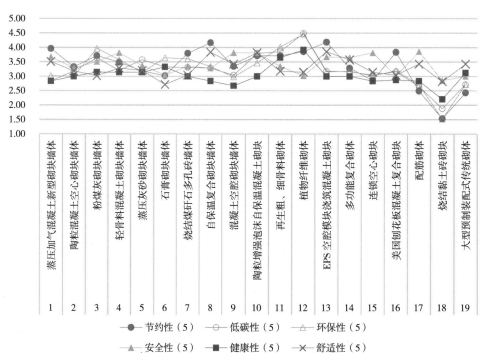

图5-3　绿色宜居村镇住宅技术清单评价结果分析

（以技术体系"外墙块材墙"为例）

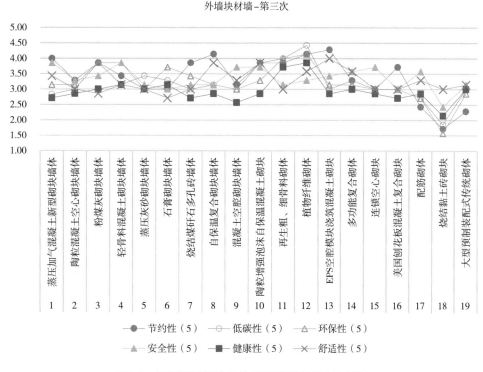

图5-3　绿色宜居村镇住宅技术清单评价结果分析（续）
（以技术体系"外墙块材墙"为例）

分区间有明显缩小。对于一些技术体系的节约性、低碳性、环保性以及与宜居性相对应的安全性、健康性和舒适性，所有专家三轮调查结果给出的分值差较为均衡。例如第九项技术"混凝土空腔砌块墙体"健康性指标评价，三轮平均分值分别为2.71分、2.67分、2.57分，代表此项技术的健康性能略差；第十二项技术"植物纤维砌体"环保性指标评价，三轮平均分值分别为4.25分、4.46分、4.14分，代表此项技术的环保性能较好。

5.4　绿色宜居住宅评价法应用案例

　　陕西省洛南县保安镇位于洛南县西部，地处秦岭南麓，县城以西25km处，总面积107.8平方公里，全镇辖12个村，1个社区，150个村民小组，6827户共计24500人。2016年陕西省住房和城乡建设厅发布了《陕西省农村特色民间设计图集》，以"适用、经济、绿色、美观"为方针，满足农村生活与生产的要求，从功能完善、节约环保、规模适度、造价合理、便于实施、利于展现新型农村风貌等方面，倡导新技术、新材料、新工艺的使用。现对《陕西省农村特色民间设计图集》中陕南地区一典型方案进行绿色宜居住宅评价应用示范。

本方案为独栋式民居，整体一层、局部两层。建筑延续了陕西传统民居主房、厢房结合的形式，设置有堂屋、火炕、大露台等陕西乡村生活元素，并在建筑外立面上采用了气窗、砖砌花格窗等传统民居元素。住宅总用地面积为220m²，建筑占地面积为144m²，总建筑面积为192m²（图5-4、图5-5）。

表5-1　建造技术清单

建造部位	建筑结构和主要建筑构造
结构	砌体结构
屋面	钢筋混凝土现浇 + 瓦屋面
外墙	黏土烧结砖墙体
外窗	塑钢中空窗 5+9A+5
外门	铝合金门
户内门	实木门
隔墙	黏土烧结砖墙体
可再生能源利用	太阳能热水系统

根据"绿色宜居指数"评价模型，对该方案涉及的建造技术进行评价，评价结果如表5-2所示。

图5-4　鸟瞰图

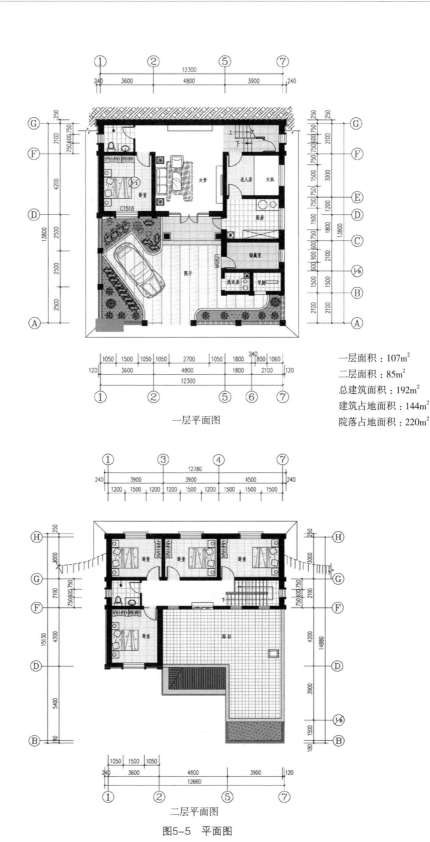

一层面积：107m²
二层面积：85m²
总建筑面积：192m²
建筑占地面积：144m²
院落占地面积：220m²

一层平面图

二层平面图

图5-5　平面图

表5-2　绿色宜居评价表

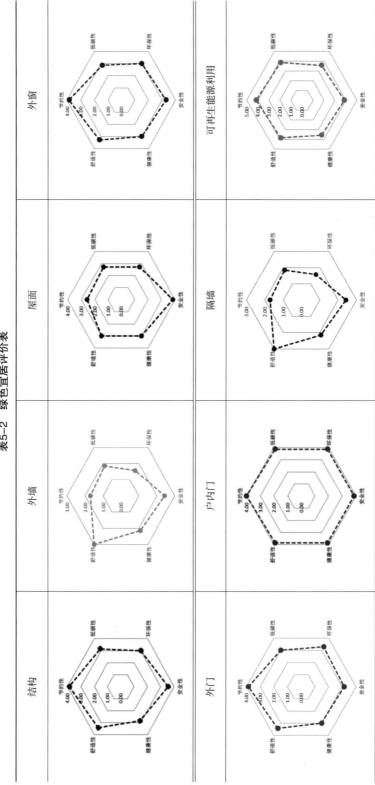

5.5　绿色宜居村镇住宅建造技术谱系化清单构建

基于上文绿色宜居住宅评价方法以及《陕西省农村特色民居设计图集》中陕南部分的特色民宅建造技术，陕南地区村镇特色民居建造技术清单汇总见表5-3。表5-3较为全面地从绿色宜居性和经济性两个维度对陕南地区民居适宜、通用的建筑建造技术体系进行了分析，形成了陕南地区村镇住宅建造技术清单。表5-3表示绿色宜居指数评价值，评价分值大小表征该项技术绿色宜居性能的高低。对于我国其他地区的村镇来讲，由于地域、气候、资源、人文等方面的差距，陕南地区的村镇住宅建造技术清单并不具有普适性，但可借鉴陕南地区村镇住宅建造技术清单形成的技术路线，筛选不同地域适宜、通用的建造技术来兼容建造技术资源、人文等方面的因素，从而形成谱系化的技术清单。谱系化的技术清单框架示意如图5-6所示。

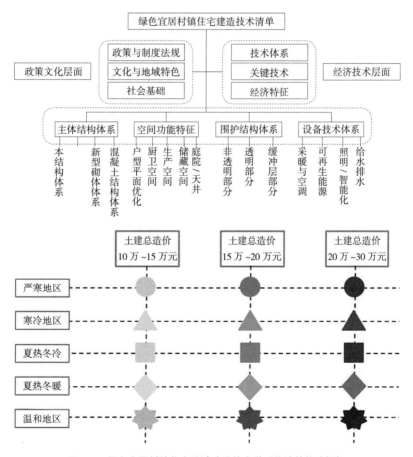

图5-6　绿色宜居村镇住宅设计建造技术谱系化清单构建框架

表5-3　陕南地区特色民居建造清单

主要部位	建造技术	住宅案例总土建造价 10万~15万元						15万~20万元						20万~30万元					
		节约性	低碳性	环保性	安全性	健康性	舒适性	节约性	低碳性	环保性	安全性	健康性	舒适性	节约性	低碳性	环保性	安全性	健康性	舒适性
结构体系	砖混结构	3.86	3.14	3.00	3.57	2.86	3.43	3.86	3.14	3.00	3.57	2.86	3.43	3.86	3.14	3.00	3.57	2.86	3.43
	混凝土结构	3.00	2.86	2.71	4.14	2.86	3.86	3.00	2.86	2.71	4.14	2.86	3.86	3.00	2.86	2.71	4.14	2.86	3.86
	钢结构	3.86	3.43	3.86	3.71	3.00	3.14	3.86	3.43	3.86	3.71	3.00	3.14	3.86	3.43	3.86	3.71	3.00	3.14
	装配式复合墙体结构	3.86	3.86	3.86	3.71	3.00	3.43	3.86	3.86	3.86	3.71	3.00	3.43	3.86	3.86	3.86	3.71	3.00	3.43
屋面体系	平屋面：钢筋混凝土现浇屋面	2.57	2.71	2.71	3.86	3.00	3.00	2.57	2.71	2.71	3.86	3.00	3.00	2.57	2.71	2.71	3.86	3.00	3.00
	平屋面：种植屋面							3.71	3.71	3.71	4.00	4.43	3.86						
	坡屋面：块瓦屋面	2.86	3.00	3.00	3.86	3.00	2.86	2.86	3.00	3.00	3.86	3.00	2.86	2.86	3.00	3.00	3.86	3.00	2.86
外墙体系	黏土多孔砖	1.71	1.86	1.57	2.43	2.14	3.00	1.71	1.86	1.57	2.43	2.14	3.00	1.71	1.86	1.57	2.43	2.14	3.00
	页岩空心砖	3.86	3.00	3.43	3.14	2.71	3.00	3.86	3.00	3.43	3.14	2.71	3.00	3.86	3.00	3.43	3.14	2.71	3.00
	页岩实心砖	3.86	3.86	3.86	3.43	3.00	2.86	3.86	3.86	3.86	3.43	3.00	2.86	3.86	3.86	3.86	3.43	3.00	2.86
	烧结煤矸石多孔砖	3.86	3.00	3.43	3.14	2.71	3.00	3.86	3.00	3.43	3.14	2.71	3.00						
	蒸压加气混凝土砌块	4.00	2.83	3.14	3.86	2.71	3.43	4.00	2.83	3.14	3.86	2.71	3.43	4.00	2.83	3.14	3.86	2.71	3.43
	混凝土墙	2.71	2.71	2.71	3.71	3.14	3.14	2.71	2.71	2.71	3.71	3.14	3.14						
	装配式复合墙板	3.86	3.71	3.57	4.00	3.00	3.71	3.86	3.71	3.57	4.00	3.00	3.71						
	空心墙：60混凝土条板+空气+90混凝土条板	3.14	3.14	3.57	3.86	3.00	3.29												
隔墙体系	黏土多孔砖	1.71	1.86	1.57	2.43	2.14	3.00	1.71	1.86	1.57	2.43	2.14	3.00	1.71	1.86	1.57	2.43	2.14	3.00

续表

主要部位	建造技术	住宅案例总土建造价																	
		10万~15万元						15万~20万元						20万~30万元					
		节约性	低碳性	环保性	安全性	健康性	舒适性	节约性	低碳性	环保性	安全性	健康性	舒适性	节约性	低碳性	环保性	安全性	健康性	舒适性
隔墙体系	黏土空心砖	3.86	3.00	3.43	3.14	2.71		1.71	1.86	1.57	2.43	2.14	3.00	1.71	1.86	1.57	2.43	2.14	3.00
	页岩空心砖							3.86	3.00	3.43	3.14	2.71	3.00	3.86	3.00	3.43	3.14	2.71	3.00
	页岩实心砖							3.86	3.86	3.86	3.43	3.00	2.86	3.86	3.86	3.86	3.43	3.00	2.86
	烧结多孔砖	3.86	3.00	3.43	3.14	2.71	3.00							3.86	3.00	3.43	3.14	2.71	3.00
	加气混凝土砌块	4.00	2.83	3.14	3.86	2.71	3.43	4.00	2.83	3.14	3.86	2.71	3.43						
	轻钢龙骨石膏板隔墙	3.86	3.71	4.00	3.57	4.29	3.00	3.86	3.71	4.00	3.57	4.29	3.00						
	装配式复合墙板	3.86	3.71	3.57	4.00	3.00	3.71	3.86	3.71	3.57	4.00	3.00	3.71						
	混凝土墙	2.71	2.71	2.71	3.71	3.14	3.14	2.71	2.71	2.71	3.71	3.14	3.14						
外窗体系	塑钢中空玻璃窗（5+9A+5）	3.86	2.86	3.00	3.29	3.00	3.29	3.86	2.86	3.00	3.29	3.00	3.29	3.86	2.86	3.00	3.29	3.00	3.29
	塑钢中空玻璃窗（6+12A+6）	3.86	2.86	3.00	3.29	3.00	3.29												
	塑钢中空玻璃窗（6+9A+6）							3.86	2.86	3.00	3.29	3.00	3.29						
	塑钢中空玻璃窗（6+6A+6）	3.86	2.86	3.00	3.29	3.00	3.29												
	塑钢中空玻璃窗							3.86	2.86	3.00	3.29	3.00	3.29	3.86	2.86	3.00	3.29	3.00	3.29
	铝合金中空玻璃窗							4.00	3.00	3.29	3.14	3.00	3.43	4.00	3.00	3.29	3.14	3.00	3.43
内外门体系	木门	4.00	3.86	3.86	3.86	3.86	3.86	4.00	3.86	3.86	3.86	3.86	3.86	4.00	3.86	3.86	3.86	3.86	3.86
	铝合金门	3.86	3.00	3.29	3.14	3.00	3.43	3.86	3.00	3.29	3.14	3.00	3.43	3.86	3.00	3.29	3.14	3.00	3.43
	塑钢门	3.86	2.86	3.00	3.29	3.00	3.29	3.86	2.86	3.00	3.29	3.00	3.29	3.86	2.86	3.00	3.29	3.00	3.29
可再生能源利用	太阳能热水系统	4.14	3.86	3.57	3.86	3.57	3.86	4.14	3.86	3.57	3.86	3.57	3.86	4.14	3.86	3.57	3.86	3.57	3.86
	太阳能光伏板	4.29	3.71	3.71	3.57	3.00	3.71							4.29	3.71	3.71	3.57	3.00	3.71

第 6 章

绿色宜居村镇住宅
建造技术的标准体系

当前城市建筑中高耗能等问题已引起社会的广泛关注，但在村镇房屋建筑中，仍然未能引起人们对住宅建造问题的重视。农村现有砖混民居由于设计及施工水平较低，普遍建造质量低下，缺乏合理的节能措施，室内热环境恶劣，显示出高能耗、高污染、高成本、低质量等缺陷。针对上述缺陷，因地制宜、就地取材提高村镇民居质量、降低建筑能耗、保护生态环境成为村镇住宅建筑设计中需要考虑的重点问题，绿色宜居村镇住宅建造技术标准的研究显得尤为重要。

6.1　我国绿色村镇住宅建造技术标准体系现状与发展需求分析

改革开放以来，我国村镇人居环境得到了明显提高和改善，村镇住房面积快速发展，形成了点多、量大、面广、占用耕地多、以独立式小住宅为主的住宅建设特点。受气候条件和自然资源的限制，不同地区村镇住宅的主体结构、围护体系等方面的建设都有所不同，相关绿色建造技术发展应用情况复杂。为推动村镇住宅绿色建造技术发展，国家颁布了相关政策法规，取得了一定的成效。但总体上，我国村镇住宅的建设依然长期处于国家标准技术体系控制范围之外，对农村的特殊条件和需求了解还不够，对村镇住宅建设的研究基础也较为薄弱，绿色村镇住宅建筑的实践很少，没有形成系统的理论，也缺乏针对性的技术和标准。这就导致村镇住宅规划布局缺乏科学性，住宅建筑本体的安全性和节能环保性等往往不能达到绿色发展的要求，不利于村镇居民生活质量和村镇生态环境的改善。

村镇住宅绿色建造相关标准体系的缺失是影响我国村镇绿色宜居发展水平提升的一项重要因素。在环境保护方面，我国目前还没有一套村镇住宅用地规划的技术标准或规划指南，村镇住宅建设用地管理水平较低，占用耕地、破坏环境现象频发，不仅造成空间浪费，而且容易受到自然灾害的威胁。在节能方面，村镇住宅围护结构保温隔热性能、气密性能普遍较差，可再生能源使用率低且没有相应的规范标准，导致能源、资源消耗大，浪费现象严重。在安全性能方面，我国村镇住宅抵御灾害的能力普遍较低，一次小的灾害就可能带来极大的损失，相关保障标准体系亦有所缺失。在宜居性能方面，我国传统村镇住宅普遍存在自然通风及采光效果差、间距不符合村镇住宅规划标准等情况，带来了许多问题，如给水排水设施不全、垃圾成堆、私密性差等，严重降低了村民的生活质量。因此，规划设计技术的缺乏、相关标准体系的滞后已经不能适应新农村建设的发展要求，甚至阻碍了村镇住宅的健康发展。

在技术集成应用方面，经过多年发展，村镇住宅部品的性能虽然有所优化，但成本较高，推广缓慢，村镇住宅建造技术集成度依然较低。同时，为推动村镇住宅绿色建造技术发展的相关示范工程亦存在群体空间呆板、建筑形态生硬、形式雷同的状况，这种示范工程只能对某一特定地区起到一定的发展推动作用，不能在广大的村镇地区普遍适用，真正适合村镇住宅建设的示范工程几乎没有。

综上所述，目前村镇住宅建设中的政策引导、规划管理、标准编制滞后，一般由村民凭经验进行，不会主动选择适宜的支撑方法，存在房屋质量难以保证、技术水平低下、资源浪费严重、住宅功能欠缺、结构抗震不良、配套设施不全等问题。因此，应结合村镇地区发展实际，在《绿色建筑评价标准》GB/T 50378—2019的基础上，通过试点示范总结经验，编制绿色宜居村镇住宅建造的标准体系，规范、指导绿色宜居村镇住宅建设。相关标准和规范应覆盖村镇住宅设计、生产、建造全阶段的主体结构体系、外围护体系和功能支持体系等层面。除了制定住宅建设相关标准和规范，还应该通过建立示范项目，总结适宜当地环境、技术和经济条件的节约、环保、管理、评价等规范，指导当地绿色宜居村镇住宅建设。总之，绿色宜居村镇住宅的实现，不是单一的追求绿色形态和思想，而是追求建筑材料、施工技术、评估系统、激励手段、绿色管理多方面的相互支撑、相互作用。

6.2 绿色宜居村镇住宅建造技术标准体系构建

绿色宜居村镇住宅建造技术标准体系构建的总体目标是以高质量发展为指导，以村镇为主体，以市场为导向，按照科学合理、协调发展的可操作性原则，推动形成布局合理、环境优美、规模适度、设施配套、生活便利、居住安全、节能环保的绿色宜居村镇住宅。

6.2.1 绿色宜居村镇住宅建造理念

绿色宜居村镇住宅的建造需秉承可持续发展的理念，即安全耐久、健康舒适、生活便利、资源节约和环境宜居，并且需要遵循以下几个原则（图6-1）：

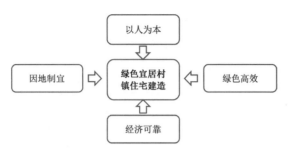

图6-1 绿色宜居村镇住宅建造原则图

（1）以人为本

绿色宜居村镇住宅建造需体现以人为本，即在满足人类需求的基础上，最大限度地保证人与自然之间的友好相处。其中，良好的视觉和声音环境、适宜的湿度和温度以及合理的采光等都能够加强居住者与周围环境之间的和谐相处，符合居住者健康舒适的生活方式要求。

（2）因地制宜

绿色宜居村镇住宅建造需密切结合所在地域的自然地理、气候条件、资源条件、经济状况和人文特质，分析、总结和吸纳当地传统建筑特质，因地制宜地选择适宜的绿色建筑技术。建筑环境营造应与周围的环境相协调。同时，住宅在建造与使用过程中应加强对原生生态系统的保护，避免和减少对生态系统的干扰和破坏，对受损和退化生态系统采取生态修复和重建的措施。

（3）绿色高效

节约能源和资源是绿色建筑理念中的重要一环。绿色宜居村镇住宅在设计过程中应尽可能使用新型环保技术，保证相关材料可循环使用，并最大限度使用可再生能源，提高住宅的可持续发展水平。在进行技术体系应用设计时，遵循被动式优先的原则，实现主动式技术与被动式技术的相互补偿和协同运行。从全生命期的角度出发，着力提高住宅全过程中对资源和能源的利用率，减少对土地、水以及不可再生资源和能源的消耗，减少污染排放和垃圾生成量，以此实现绿色、高效的村镇住宅发展。

（4）经济可靠

绿色宜居村镇住宅的设计和建造应结合村镇经济发展水平，注重成本控制，以居民的经济条件和需求作为相关技术措施选用的主要依据。同步考虑住宅安全耐久性能，采用安全可靠的建筑材料、设计方法和施工工艺，从全生命期的角度出发，保证村镇住宅建筑的经济节约和安全可靠。

6.2.2　绿色宜居村镇住宅建造技术标准体系模型

构建标准体系是运用系统论指导标准化工作的一种方法，主要体现为编制标准体系结构图和标准明细表、提供标准统计表、编写标准体系编制说明，它们是开展标准体系建设的基础和前提工作，也是进行标准制（修）订规划和计划的依据。绿色宜居村镇住宅建造技术标准体系是为了达到最佳村镇建造技术标准化效果，在一定范围内建立的、具有内在联系及特定功能的、协调配套的标准有机整体。

为最大限度地发挥标准规范对我国绿色宜居村镇住宅建造技术的推动与保障，构建绿色宜居村镇住宅建造技术标准体系。在宏观层面，充分考虑国家农村发展战略、国家法律法规、国家标准体系以及国家方针政策。针对乡村振兴发展，党的十九大报告中首次提出"实施乡村振兴战略"。2021年2月21日，《中共中央 国务院关于全面推进乡村振兴加快农业农村现代化的意见》，即中央一号文件发布，提出"大力实施乡村建设行动"，乡村振兴全面推进。同时，在我国提出"双碳"目标之后，先后发布了《国务院关于印发〈2030年前碳达峰行动方案〉的通知》（国发〔2021〕23号）、《中共中央 国务院关于完整准确全面贯彻新发展理念做好碳达峰碳中和工作的意见》等，提出"推进农村建设和用能低碳转型""结合实施乡村建设行动，推进县城和农村绿色低碳发展"等一系列方案，指导村镇低碳建设。2021年10月10日，中共中央 国务院印发的《国家标准化发展纲要》正式发布，提出要建立健全碳达峰、碳中和标准，实施碳达峰、碳中和标准化提升工程。相关战略和政策文件的发布，为绿色宜居村镇住宅建造技术标准体系的构建指明了方向。除此之外，在体系层面，梳理相关基础标准、通用标准和专用标准；在具体技术层面，通过梳理相关规范与通则、指南与导则、规程与标准等技术内容，形成标准体系的重要组成部分（图6-2）。

（1）理论基础

首先，标准体系构建是一项系统工程（Systems Engineering），必须遵循系统论。钱学森先生早在1979年就曾指出"标准化也是一门系统工程，任务就是设计、组织和建立全国的标准体系，使它促进社会生产力的持续高速发展"。钱学森先生通过融合西方"还原论"（Reductionism）和东方"整体论"（Holism）形成了"系统论"的思想体系。这是一套既具有中国特色，又具有普遍科学意义的系统工程思想方法，形成了系统科学的完备体系，倡导开放的复杂巨系统研究，并以社会系统为应用研究的主要对象。因此，标准体系构建研究工作必须充分考虑整体

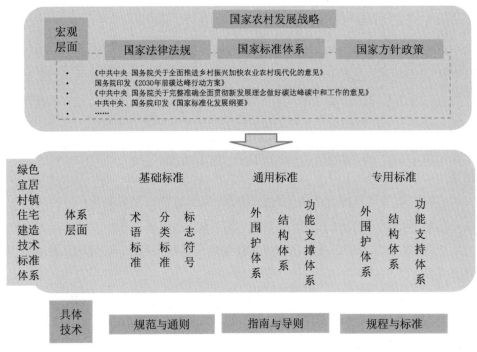

图6-2　绿色宜居村镇住宅建造技术标准体系要素

性、相关性、有序性、动态性等系统论原则。

　　在系统工程的方法论中，美国系统工程专家霍尔（A. D. Hall）于1969年提出的霍尔三维结构可为大型复杂系统进行规划、组织和管理提供一种系统的思想方法。霍尔三维结构将系统工程整个活动过程分为前后紧密衔接的7个阶段和7个步骤，同时还考虑了为完成这些阶段和步骤所需要的各种专业知识和技能，这就形成了由时间维度、逻辑维度和知识维度所组成的三维空间结构。其中，时间维度表示系统工程活动从开始到结束按时间顺序排列的全过程，分为规划、拟订方案、研制、生产、安装、运行及更新7个时间阶段；逻辑维度是指时间维度的每一个阶段内所要进行的工作内容和应该遵循的思维程序，包括明确问题、确定目标、系统综合、系统分析、系统优化、决策及实施7个逻辑步骤；知识维度是指解决复杂的系统问题需要的知识综合。

　　霍尔三维结构体系形象地描述了系统工程研究的框架，而且形成了分层次的立体结构体系。在绿色宜居村镇住宅标准体系的构建研究中，既有不同逻辑范围，又有不同的知识体系，如借鉴霍尔的三维空间模型结构，则可较好地体现这些不同维度，进而为体系的全面有序构建及未来更新管理提供更好的方法和模型支撑。

（2）体系维度分析

霍尔三维结构中的逻辑维度，在本标准体系中可考虑为国家标准、行业标准、地方标准和团体标准四个阶段环节，这综合考虑了村镇住宅建设方式的特殊性及国家工程建设的一般流程。

霍尔三维结构中的时间维度，在本标准体系中拟考虑为基础标准、通用标准、专用标准3层，如此考虑主要是由标准化工作改革方向出发。基础标准是在一定范围内作为其他标准的基础并普遍使用，具有广泛指导意义的标准。通用标准是指针对某一类标准化对象制定的覆盖面较大的共性标准。专用标准是针对某一领域标准化对象作为通用标准的补充、延伸制订的专项标准，覆盖面一般较低。

霍尔三维结构中的知识维度，在本标准体系中考虑为外围护体系、结构体系和功能支持体系3部分内容。其中，功能支撑体系主要为隔墙、管线、设备部品等保障建筑基本运行需求及宜居性能提升的基础设施部分。

基于以上对霍尔三维结构体系维度的分析，结合我国村镇住宅技术标准现状，建立多维度的绿色宜居村镇住宅建造技术标准体系架构，该体系包括标准体系的建设要素、效用程度和阶段对象，如图6-3所示。

（3）标准体系结构

①标准体系框图层级划分

根据《标准体系构建原则和要求》GB/T 13016—2018，标准体系模型是用于表达、描述标准体系的目标、边界、范围、环境、结构关系并反映标准化发展规划的模型，是用于策划、实施、检查和改进标准体系的方法或工具。标准体系是一

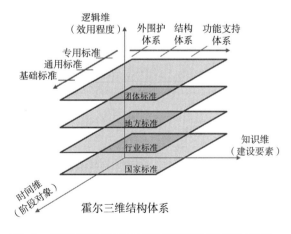

图6-3　多维度的绿色宜居村镇住宅建造技术标准体系架构

定范围内包含现有、应有和预计制定标准的蓝图，是一种标准体系模型，通常包括标准体系结构图、标准明细表，还可以包含标准统计表和编制说明。结合前期调研和需求分析，工程建设标准体系以按一定规则排列起来的标准体系框图来表达，包括现行标准、制定中标准、修订中标准和待编标准。针对绿色宜居村镇住宅建造技术标准体系，其内容包括外围护体系、结构体系、功能支持体系等子体系（图6-4）。

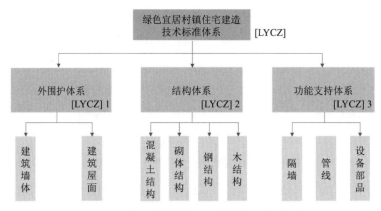

图6-4 绿色宜居村镇住宅建造技术标准体系内容

在各项子体系下，其体系框架主要包括基础标准、通用标准、专用标准三个层次：

第一层[LYCZ]X.1——基础标准；

第二层[LYCZ]X.2——通用标准；

第三层[LYCZ]X.3——专用标准。

②标准体系表的表达及编码说明

绿色宜居村镇住宅建造技术标准体系表包括标准体系的分类编码、子体系名称、标准序号、标准项目名称、标准体系编号、现行标准号、标准状态、类别、特征等。体系表的表现形式见表6-1。其中，标准状态分为"现行、制定中、修订中、待编"四个状态。主体特征按照标准重点内容进行划分归类。

表6-1　绿色宜居村镇住宅建造技术标准体系表的表现形式

体系分类编码	子体系名称	标准序号	标准项目名称	标准体系编号	现行标准编号	标准状态	类别	特征

标准体系编号由标准体系名称缩写、体系名称、专业类别号、标准层次号、标准层内编号、标准序号等组成（图6-5）。

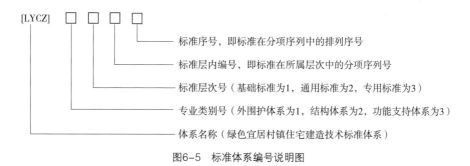

图6-5　标准体系编号说明图

编码说明如下：

a.［LYCZ］，表示体系名称缩写（绿色宜居村镇住宅建筑技术标准体系）；

b.体系之后的第一位数字，是专业类别号，本专业类别包括外围护体系、结构体系、功能支持体系，定为1、2、3。

c.体系之后的第二位数字，是标准层次号，包括基础标准、通用标准、专用标准，定为1、2、3。

d.体系之后的第三位数字，是标准在所属层次中的分项序列号；

e.体系之后的第四位数字，是标准序号。

对于本标准体系，其中标准项目尚有如下说明事项：

a.作为研究提出的本体系，较之事实体系更为理想化，尽量避免基于现有标准项目的冷拼汇总。因此，在考虑项目标准设置时部分超出了现有标准实际情况，一个项目对应多个现有标准或一个项目对应现有标准中部分内容的情况均不在少数。

b.本体系依照基础标准、通用标准、专用标准来划分标准的效用层级，在体现不同标准对于建造技术提升的不同程度的同时，也将不少现行标准定位为专用标准（反之亦然）。其中，也参考了《国家工程建设标准体系》及《可转化成团体标准的现行工程建设推荐性标准目录（2018年版）》（限2013年及以前批准的推荐性标准）。

c.由于本体系为建造技术标准体系，存在不少引用借用其他专业标准项目的情况。虽然这些标准项目在本体系中已按照新的规则排列，但同时也保留其所在专业标准体系中的编号。

6.3 绿色宜居村镇住宅建造技术标准体系

本标准体系总体目标是提升村镇住宅建造技术水平及绿色宜居水平。编制中应体现体系的整体性，即体系中子体系的全面完整和标准明细表所列标准的全面完整。其目的是为贯彻落实工程建设标准化工作改革精神，在体系中充分体现强制性标准兜底线、团体标准引导创新和竞争市场等内容，同时也将对住宅技术性能提升的不同程度体现出来。

6.3.1 外围护体系

（1）概述

住宅的外围护体系主要包括建筑墙体和建筑屋面，需要考虑建筑形体、围护结构保温隔热及遮阳系统等因素。

建筑形体主要包括建筑朝向、建筑体形系数、建筑的窗墙比等。合理设计建筑形体，可以从根本上减少建筑的能耗需求，是建筑被动式节能设计理念的有效体现。建筑良好的围护结构可以防止建筑内部能量的损失，阻止建筑外部热量的侵入，是建筑节能的重要组成部分，其各部分节能技术的综合运用是住宅能否达到节能标准的关键，也是降低空调系统能耗的关键。

围护结构保温主要包括建筑墙体保温、屋面保温、外窗及幕墙系统保温。建筑围护结构的保温对于严寒、寒冷及夏热冬冷地区均有较好的节能效果。农村住宅建筑墙体保温与隔热主要通过四种方式：墙体外保温、墙体内保温、墙体夹芯保温以及综合保温法。这几种保温与隔热方式主要体现在保温层在墙体中的布置位置差异，分别对应保温层在结构层的外侧、保温层在结构层的内侧、保温层在结构层的中间及综合以上各种做法。从保温效果和对墙体保护的角度来看，保温层放置在结构层外侧最佳，这使得墙体各个部位得到良好的保护，可以提高建筑墙体结构各个部位的耐久性，而且一般建筑结构层的热容量比保温层的热容量要大，这样可以让住宅内部的温度保持在良好的范围内。墙体内保温对建筑墙体的结构层不能起到太大的保护作用，但是其施工比较简单，可以通过在外墙内侧添加隔热材料实现。以上两种做法均适合于农村住宅的新建与改造。墙体夹芯保温是将保温材料置于结构层的中间，这类保温层材料一般为空气间层或者泡沫塑料，但是这类做法在国内使用较少，且农村建造技术条件一般难以满足此做法的要求。综合保温法是使用多种保温构造方式进行墙体保温与隔热的方法，其可以综合各种做法的优点，但是此种做法对墙体结构要求更高，需要防止墙体发生破坏。

屋顶的保温与隔热方式和墙体类似，主要包括保温层位于防水层下、保温层位于防水层上，还有蓄水屋顶和绿化屋顶等，目前我国使用比较广泛的主要是这几种。农村住宅比较流行的是太阳能屋顶，在屋顶放置太阳能光伏板，可以将太阳能转换为其他形式的热能，一定程度上可以满足乡村大家庭的供能需求。

除此之外，太阳辐射一方面会造成夏季房间过热、增加空调负荷，另一方面又能满足冬季供热需求，而采用活动遮阳则可以兼顾夏季遮阳和冬季采光增热两方面的要求，增加室内的热舒适度。

（2）标准体系框图

工程建设标准体系一般以按一定规则排列起来的标准体系框图来表达。限于篇幅，图6-6所示的标准体系仅给出外围护体系的各个组成部分子体系，不含具体标准项目。其中，矩形方框代表一组若干标准，其内文字为该组标准或标准体系（子体系）的名称。各体系（子体系）之间的层次、序列、关联等关系，以实线连接表示。图中由上至下展示了基础标准、通用标准、专用标准3个不同效用程度的层次。

绿色宜居村镇住宅建造技术标准体系外围护体系的框图如图6-6所示。图中，第二层为通用标准，按照外围护体系组成，分为建筑墙体通用标准和建筑屋面通用标准。属于外围护体系通用或涵盖范围较广的列入综合性标准。第三层为专用标准，同样分为建筑墙体专用标准和建筑屋面专用标准。

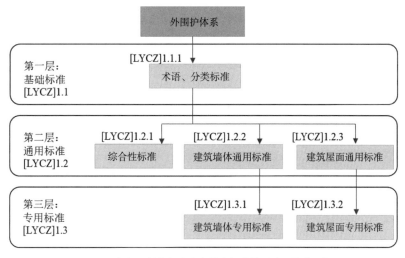

图6-6　绿色宜居村镇住宅建造技术标准体系外围护体系框图

（3）标准体系表

基于外围护体系结构图，研究梳理村镇住宅外围护相关标准50项（含制定中及建议新增标准）。其中，基础标准5项，通用标准34项，专用标准11项。在建议新增标准中，特别考虑村镇绿色宜居、建筑节能方面的标准空缺。部分内容虽已体现在相关建筑标准中，但主要适用领域在城市住宅，或仅为该标准适用领域范围内的部分内容，规定的对应技术措施尚不完善的，亦在本体系中作为建议新增标准（待编）。最终形成绿色宜居村镇住宅建造技术标准体系外围护体系表，见表6-2。

表6-2　绿色宜居村镇住宅建造技术标准体系外围护体系表

体系分类编码	子体系名称	标准序号	标准项目名称	标准体系编号	现行标准编号	标准状态	类别	主题特征
[LYCZ]1	外围护体系							
[LYCZ]1.1	外围护体系基础标准							
[LYCZ]1.1.1	外围护体系术语、标志、符号标准							
		1	建材工程术语标准	[LYCZ]1.1.1.1	GB/T 50731—2019	现行	国标	建材术语
		2	建筑节能基本术语标准	[LYCZ]1.1.1.2	GB/T 51140—2015	现行	国标	节能术语
		3	民用建筑设计术语标准	[LYCZ]1.1.1.3	GB/T 50504—2009	现行	国标	设计术语
		4	建筑材料术语标准	[LYCZ]1.1.1.4	JGJ/T 191—2009	现行	行标	建材术语
[LYCZ]1.1.2	外围护体系分类标准							
		5	建设工程分类标准	[LYCZ]1.1.2.1	GB/T 50841—2013	现行	国标	工程分类
[LYCZ]1.2	外围护体系通用标准							
[LYCZ]1.2.1	综合性标准							
		6	民用建筑设计统一标准	[LYCZ]1.2.1.1	GB 50352—2019	现行	国标	建筑设计
		7	民用建筑热工设计规范	[LYCZ]1.2.1.2	GB 50176—2016	现行	国标	建筑节能
		8	农村居住建筑节能设计标准	[LYCZ]1.2.1.3	GB/T 50824—2013	现行	国标	建筑节能
		9	村镇住宅绿色宜居设计标准	[LYCZ]1.2.1.4		待编		绿色宜居
		10	村镇传统住宅设计规范	[LYCZ]1.2.1.5	CECS 360：2013	现行	协会标准	建筑设计
		11	超低能耗农宅技术规程	[LYCZ]1.2.1.6	T/CECS 739—2020	现行	协会标准	建筑节能

续表

体系分类编码	子体系名称	标准序号	标准项目名称	标准体系编号	现行标准编号	标准状态	类别	主题特征
		12	不同地域特色村镇住宅设计资料集	[LYCZ]1.2.1.7	14CJ38	现行	协会标准	建筑设计
		13	严寒和寒冷地区低碳农房技术规程	[LYCZ]1.2.1.8		制定中	协会标准	低碳技术
		14	农村牧区居住建筑节能设计标准	[LYCZ]1.2.1.9	DBJ 03—78—2017	现行	地标	建筑节能
		15	农村住宅节能设计标准	[LYCZ]1.2.1.10	DB 64/1068—2015	现行	地标	建筑节能
		16	农村居住建筑节能设计标准	[LYCZ]1.2.1.11	DB 23/T 1537—2013	现行	地标	建筑节能
		17	农村居住建筑节能设计标准	[LYCZ]1.2.1.12	DB 22/T 2038—2014	现行	地标	建筑节能
		18	不同地域特色传统村镇住宅图集（上）	[LYCZ]1.2.1.13	11SJ937-1（1）	现行	国标	图集
		19	不同地域特色传统村镇住宅图集（中）	[LYCZ]1.2.1.14	11SJ937-1（2）	现行	国标	图集
		20	不同地域特色传统村镇住宅图集（下）	[LYCZ]1.2.1.15	11SJ937-1（3）	现行	国标	图集
		21	不同地域特色村镇住宅通用图集	[LYCZ]1.2.1.15	11SJ937-2	现行	国标	图集
[LYCZ]1.2.2			建筑墙体通用标准					
		22	墙体材料应用统一技术规范	[LYCZ]1.2.2.1	GB 50574—2010	现行	国标	墙体材料
		23	保温装饰板外墙外保温工程技术导则	[LYCZ]1.2.2.2	RISN—TG028—2017	现行	行标	外墙保温
		24	外墙外保温工程技术标准	[LYCZ]1.2.2.3	JGJ 144—2019	现行	行标	外墙保温
		25	外墙内保温工程技术规程	[LYCZ]1.2.2.4	JGJ/T 261—2011	现行	行标	外墙保温
		26	建筑外墙防水工程技术规程	[LYCZ]1.2.2.5	JGJ/T 235—2011	现行	行标	外墙防水
		27	建筑外墙外保温防火隔离带技术规程	[LYCZ]1.2.2.6	JGJ 289—2012	现行	行标	外墙防火
		28	建筑门窗玻璃幕墙热工计算规程	[LYCZ]1.2.2.7	JGJ/T 151—2008	现行	行标	热工计算
		29	建筑外墙外保温系统修缮标准	[LYCZ]1.2.2.8	JGJ 376—2015	现行	行标	外墙保温

体系分类编码	子体系名称	标准序号	标准项目名称	标准体系编号	现行标准编号	标准状态	类别	主题特征
		30	外墙保温应用技术规程	[LYCZ]1.2.2.9	DBJ 14—035—2007	现行	地标	外墙保温
[LYCZ]1.2.3			建筑屋面通用标准					
		31	屋面工程技术规范	[LYCZ]1.2.3.1	GB 50345—2012	现行	国标	屋面建设
		32	坡屋面工程技术规范	[LYCZ]1.2.3.2	GB 50693—2011	现行	国标	屋面建设
		33	屋面工程质量验收规范	[LYCZ]1.2.3.3	GB 50207—2012	现行	国标	质量验收
		34	种植屋面工程技术规程	[LYCZ]1.2.3.4	JGJ 155—2013	现行	行标	屋面建设
		35	房屋渗漏修缮技术规程	[LYCZ]1.2.3.5	JGJ/T 53—2011	现行	行标	屋面修缮
		36	乡村建筑屋面泡沫混凝土应用技术规程	[LYCZ]1.2.3.6	CECS 299：2011	现行	协会标准	屋面建设
		37	倒置式屋面工程技术规程	[LYCZ]1.2.3.7	JGJ 230—2010	现行	行标	屋面建设
		38	村镇住宅屋面保温隔热技术规程	[LYCZ]1.2.3.8		待编		屋面节能
		39	村镇住宅屋面防水技术规程	[LYCZ]1.2.3.9		待编		屋面防水
[LYCZ]1.3			外围护体系专用标准					
[LYCZ]1.3.1			建筑墙体专用标准					
		40	通用硅酸盐水泥	[LYCZ]1.3.1.1	GB 175—2007	现行	国标	建筑材料
		41	铝酸盐水泥	[LYCZ]1.3.1.2	GB/T 201—2015	现行	国标	建筑材料
		42	预拌混凝土	[LYCZ]1.3.1.3	GB/T 14902—2012	现行	国标	建筑材料
		43	抹灰砂浆技术规程	[LYCZ]1.3.1.4	JGJ/T 220—2010	现行	行标	建筑材料
		44	混凝土多孔砖建筑技术规程	[LYCZ]1.3.1.5	DBJ 43/002—2005	现行	地标	建筑材料
		45	酚醛泡沫保温板	[LYCZ]1.3.1.6		待编		建筑材料
		46	阳光房施工技术规程	[LYCZ]1.3.1.7		待编		建筑施工
[LYCZ]1.3.2			建筑屋面专用标准					
		47	沥青瓦	[LYCZ]1.3.2.1		待编		建筑材料
		48	烧结瓦	[LYCZ]1.3.2.2	GB/T 21149—2019	现行	国标	建筑材料
		49	混凝土瓦	[LYCZ]1.3.2.3	JC/T 746—2007	现行	行标	建筑材料
		50	乡村建筑混凝土瓦应用技术规程	[LYCZ]1.3.2.4	CECS 298：2011	现行	协会标准	建筑材料

（4）标准项目说明

[LYCZ]1.2 外围护体系通用标准

[LYCZ]1.2.1 综合性标准

[LYCZ]1.2.1.4 村镇住宅绿色宜居设计标准

本标准适用于村镇新建、改建及扩建住宅的绿色宜居性能提升设计。本标准规定了绿色宜居村镇住宅的定义，并规定了包括住宅选址、住宅形体设计、墙体及屋面设计、建筑材料选择等在内的建筑本体绿色宜居设计方法及技术要求。

[LYCZ]1.2.1.8 严寒和寒冷地区低碳农房技术规程

本标准适用于新建、扩建和改建的农村居住建筑低碳设计、施工及运行，主要内容包括：环境指标、能耗指标、低碳设计、低碳施工和低碳运行。

[LYCZ]1.2.3 建筑屋面通用标准

[LYCZ]1.2.3.8 村镇住宅屋面保温隔热技术规程

本标准适用于村镇新建、改建及扩建住宅屋面保温隔热工程的设计、施工及维护。本标准规定了不同屋面形式下村镇住宅屋面的材料性能要求、屋面基本构造、屋面保温隔热工程细部构造施工做法、日常维护要点等。

[LYCZ]1.2.3.9 村镇住宅屋面防水技术规程

本标准适用于村镇新建、改建及扩建住宅屋面防水工程的设计、施工及维护。本标准规定了不同屋面形式下村镇住宅屋面的排水设计、保护层设计、防水材料选用、施工做法及日常维护要点等。

[LYCZ]1.3 外围护体系专用标准

[LYCZ]1.3.1 建筑墙体专用标准

[LYCZ]1.3.1.6 酚醛泡沫保温板

本标准规定了村镇新建、改建及扩建住宅采用酚醛泡沫保温板的技术要求。本标准还规定了村镇住宅用酚醛泡沫保温板的性能要求、设计与构造、施工要求及试验方法。

[LYCZ]1.3.1.7 阳光房施工技术规程

本标准适用于村镇新建、改建及扩建住宅阳光房的设计、施工及维护。本标准规定了村镇住宅阳光房的性能要求、材料使用要求、构造施工要求及日常维护要点。

[LYCZ]1.3.2 建筑屋面专用标准

[LYCZ]1.3.2.1 沥青瓦

本标准适用于村镇住宅屋面覆盖及装饰用的沥青瓦产品。本标准规定了沥青瓦的分类、要求、试验方法、检验规则、标志、包装、运输和贮存。

6.3.2 结构体系

（1）概述

住宅主体结构需要在保证住宅性能要求的同时进行设计优化，达到绿色节约的目的。结构体系包括结构中所有承重构件，其结构布置及构件截面设计不同，建筑的材料用量也会有较大的差异。因此，根据住宅所处的地域和气候，通过结构优化设计、合理选择资源消耗低和环境影响小的建筑结构体系、采用新技术和新工艺等可达到绿色性能提升的目的。目前，我国传统农村住宅结构体系形式主要包括混凝土结构、砖木结构、砖混结构、生土结构、木结构、石结构等。根据村镇住宅结构性能需求及发展方向，本标准体系重点梳理混凝土结构、钢结构、木结构体系，以及就地取材、利用废弃材料等相关的结构构件体系。

（2）标准体系框图

绿色宜居村镇住宅建造技术标准体系结构体系的框图如图6-7所示。图中，第二层为通用标准，按照结构材料类别分为砌体结构通用标准、混凝土结构通用标准、钢结构通用标准和木结构通用标准。属于建筑结构通用或涵盖范围较广的列入综合性标准。第三层为专用标准，同样按照结构材料类别进行划分。

（3）标准体系表

基于村镇住宅结构体系图，研究梳理村镇住宅结构相关标准54项（含建议新

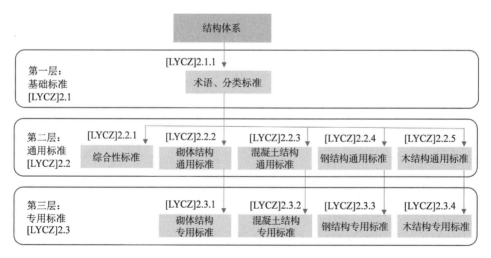

图6-7 绿色宜居村镇住宅建造技术标准体系结构体系框图

增标准）。其中，基础标准3项，通用标准33项，专用标准18项。建筑结构相关标准相对较为完善，大部分对于村镇住宅建设具有一定的适用性和参考性。进一步考虑村镇住宅结构建设的特殊性，在现有结构相关标准内容的基础上，建议增加具有村镇住宅结构针对性的建材、设计和施工标准。形成的绿色宜居村镇住宅建造技术标准体系结构体系表见表6-3。

表6-3　绿色宜居村镇住宅建造技术标准体系结构体系表

体系分类编码	子体系名称	标准序号	标准项目名称	标准体系编号	现行标准编号	标准状态	类别	特征
[LYCZ]			结构体系					
[LYCZ]2.1			结构体系基础标准					
[LYCZ]2.1.1			结构体系术语、分类标准					
		1	工程结构设计通用符号标准	[LYCZ]2.1.1.1	GB/T 50132—2014	现行	国标	结构符号
		2	建筑地基基础术语标准	[LYCZ]2.1.1.2	GB/T 50941—2014	现行	国标	地基术语
		3	工程结构设计基本术语标准	[LYCZ]2.1.1.3	GB/T 50083—2014	现行	国标	结构术语
[LYCZ]2.2			结构体系通用标准					
[LYCZ]2.2.1			综合性标准					
		4	建筑结构制图标准	[LYCZ]2.2.1.1	GB/T 50105—2010	现行	国标	设计制图
		5	村镇住宅结构施工及验收规范	[LYCZ]2.2.1.2	GB/T 50900—2016	现行	国标	施工验收
		6	建筑地基基础设计规范	[LYCZ]2.2.1.3	GB 50007—2011	现行	国标	地基设计
		7	农村房屋建筑抗震设计技术规程	[LYCZ]2.2.1.4	DB 23/T 1770—2016	现行	地标	抗震设计
		8	农村住宅建筑抗震设计规程	[LYCZ]2.2.1.5	DB 13（J）/T 197—2015	现行	地标	抗震设计
		9	装配式低能耗农宅技术规程	[LYCZ]2.2.1.6		制定中	协会标准	装配式
[LYCZ]2.2.2			砌体结构通用标准					
		10	砌体结构通用规范	[LYCZ]2.2.2.1	GB 55007—2021	现行	国标	砌体结构
		11	砌体结构设计规范	[LYCZ]2.2.2.2	GB 50003—2011	现行	国标	结构设计
		12	砌体结构工程施工规范	[LYCZ]2.2.2.3	GB 50924—2014	现行	国标	结构施工

续表

体系分类编码	子体系名称	标准序号	标准项目名称	标准体系编号	现行标准编号	标准状态	类别	特征
		13	村镇住宅砌体结构设计规范	[LYCZ]2.2.2.4		待编		
		14	村镇住宅砌体结构工程施工规范	[LYCZ]2.2.2.5		待编		
[LYCZ]2.2.3			混凝土结构通用标准					
		15	混凝土结构设计规范	[LYCZ]2.2.3.1	GB 50010—2010（2015 年版）	现行	国标	结构设计
		16	混凝土结构工程施工质量验收规范	[LYCZ]2.2.3.2	GB 50204—2015	现行	国标	质量验收
		17	混凝土结构工程施工规范	[LYCZ]2.2.3.3	GB 50666—2011	现行	国标	结构施工
		18	装配式混凝土结构技术规程	[LYCZ]2.2.3.4	JGJ 1—2014	现行	行标	装配式
		19	装配整体式混凝土结构设计规程	[LYCZ]2.2.3.5	DB 37/T 5018—2014	现行	地标	装配式
		20	装配式混凝土建筑设计标准	[LYCZ]2.2.3.6	DBJ 51/T 024—2017	现行	地标	装配式
		21	村镇住宅混凝土结构工程施工规范	[LYCZ]2.2.3.7		待编		
[LYCZ]2.2.4			钢结构通用标准					
		22	钢结构设计标准	[LYCZ]2.2.4.1	GB 50017—2017	现行	国标	结构设计
		23	钢结构工程施工质量验收标准	[LYCZ]2.2.4.2	GB 50205—2020	现行	国标	施工及验收
		24	钢结构工程质量检验评定标准	[LYCZ]2.2.4.3	GB 50221—1995	现行	国标	质量检验
		25	钢结构现场检测技术标准	[LYCZ]2.2.4.4	GB/T 50621—2010	现行	国标	现场检验
		26	钢结构工程施工规范	[LYCZ]2.2.4.5	GB 50755—2012	现行	国标	结构施工
		27	钢结构焊接规范	[LYCZ]2.2.4.6	GB 50661—2011	现行	国标	结构施工
		28	建筑钢结构防火技术规范	[LYCZ]2.2.4.7	GB 51249—2017	现行	国标	结构防火
		29	钢结构检测评定及加固技术规程	[LYCZ]2.2.4.8	YB 9257—1996	现行	行标	结构加固
[LYCZ]2.2.5			木结构通用标准					

续表

体系分类编码	子体系名称	标准序号	标准项目名称	标准体系编号	现行标准编号	标准状态	类别	特征
		30	村镇住宅木结构产品通用技术要求	[LYCZ]2.2.5.1		待编		通用要求
		31	木结构设计标准	[LYCZ]2.2.5.2	GB 50005—2017	现行	国标	结构设计
		32	木结构工程施工规范	[LYCZ]2.2.5.3	GB/T 50772—2012	现行	国标	结构施工
		33	木结构工程施工质量验收规范	[LYCZ]2.2.5.4	GB 50206—2012	现行	国标	质量验收
		34	木结构现场检测技术标准	[LYCZ]2.2.5.5	JGJ/T 488—2020	现行	行标	现场检验
		35	木结构工程施工工艺标准	[LYCZ]2.2.5.6	DBJ/T 61—33—2016	现行	地标	结构施工
		36	木结构徽派建筑防雷技术规范	[LYCZ]2.2.5.7	DB 34/T 1593—2012	现行	地标	防雷
[LYCZ]2.3	结构体系专用标准							
[LYCZ]2.3.1	砌体结构专用标准							
		37	蒸压加气混凝土砌块	[LYCZ]2.3.1.1	GB/T 11968—2020	现行	国标	建筑材料
		38	轻集料混凝土小型空心砌块	[LYCZ]2.3.1.2	GB/T 15229—2011	现行	国标	建筑材料
		39	烧结普通砖	[LYCZ]2.3.1.3	GB/T 5101—2017	现行	国标	建筑材料
[LYCZ]2.3.2	混凝土结构专用标准							
		40	建设用卵石、碎石	[LYCZ]2.3.2.1	GB/T 14685—2011	现行	国标	建筑材料
		41	预应力孔道灌浆剂	[LYCZ]2.3.2.2	GB/T 25182—2010	现行	国标	建筑材料
		42	预应力混凝土空心板	[LYCZ]2.3.2.3	GB/T 14040—2007	现行	国标	建筑材料
		43	混凝土膨胀剂	[LYCZ]2.3.2.4	GB/T 23439—2017	现行	国标	建筑材料
		44	混凝土用再生粗骨料	[LYCZ]2.3.2.5	GB/T 25177—2010	现行	国标	建筑材料
		45	钢筋桁架混凝土叠合板应用技术规程	[LYCZ]2.3.2.6	T/CECS 715—2020	现行	协会标准	建筑材料
[LYCZ]2.3.3	钢结构专用标准							
		46	冷弯薄壁型钢结构技术规范	[LYCZ]2.3.3.1	GB 50018—2002	现行	国标	建筑材料
		47	钢管混凝土结构技术规范	[LYCZ]2.3.3.2	GB 50936—2014	现行	国标	建筑材料

续表

体系分类编码	子体系名称	标准序号	标准项目名称	标准体系编号	现行标准编号	标准状态	类别	特征
		48	钢结构防火涂料	[LYCZ]2.3.3.3	GB 14907—2018	现行	国标	建筑材料
		49	组合结构设计规范	[LYCZ]2.3.3.4	JGJ 138—2016	现行	行标	建筑材料
		50	钢管混凝土结构技术规程	[LYCZ]2.3.3.5	CECS 28：2012	现行	协会标准	建筑材料
		51	矩形钢管混凝土结构技术规程	[LYCZ]2.3.3.6	CECS 159：2004	现行	协会标准	建筑材料
[LYCZ]2.3.4			木结构专用标准					
		52	村镇住宅木结构防腐蚀	[LYCZ]2.3.4.1		待编		建筑材料
		53	村镇住宅立柱结构用木	[LYCZ]2.3.4.2		待编		建筑材料
		54	村镇住宅门窗结构用木	[LYCZ]2.3.4.3		待编		建筑材料

（4）标准项目说明

[LYCZ]2.2 结构体系通用标准

[LYCZ]2.2.1 综合性标准

[LYCZ]2.2.1.6 装配式低能耗农宅技术规程

本标准适用于农村地区2层及以下新建装配式低能耗农宅的设计、施工及验收，主要内容包括：材料、建筑设计、结构设计、轻型钢框架体系低能耗农宅、低层冷弯薄壁型钢体系低能耗农宅、防护与保温隔热、生产运输与施工验收及运行管理。

[LYCZ]2.2.2 砌体结构通用标准

[LYCZ]2.2.2.4 村镇住宅砌体结构设计规范

本规范适用于村镇住宅建筑工程的砖、石、砌块等砌体结构工程的设计。本规程规定了多层与单层砌体结构、底部框架、配筋砌块砌体、填充墙等设计的技术要求与措施，以及相关环保要求。

[LYCZ]2.2.2.5 村镇住宅砌体结构工程施工规范

本规范适用于村镇住宅建筑工程砖、石、砌块等砌体结构工程的施工。本规范规定了村镇住宅砌体结构施工所需原材料、砌筑砂浆、砖砌体工程、混凝土砌体工程、石砌体工程、配筋砌体工程等的具体技术要求和措施，以及相关环保要求。

[LYCZ]2.2.3 混凝土结构通用标准

[LYCZ]2.2.3.7 村镇住宅混凝土结构工程施工规范

本规范适用于村镇住宅混凝土结构工程的施工。本规范规定了村镇住宅混凝土结构施工的模板工程、钢筋及预应力工程、混凝土工程、装配式结构工程等的具体技术要求和措施，以及相关环保要求。

[LYCZ]2.2.5 木结构通用标准

[LYCZ]2.2.5.1 村镇住宅木结构产品通用技术要求

本标准适用于村镇住宅木结构产品的设计、施工及运行维护。本标准规定了村镇住宅木结构的材料选用及结构体系、构件设计、连接设计的技术要求，施工以及防火、防水等技术要点。

[LYCZ]2.3 结构体系专用标准

[LYCZ]2.3.4 木结构专用标准

[LYCZ]2.3.4.1 村镇住宅木结构防腐蚀

本标准适用于村镇住宅木结构防腐。本标准规定了村镇住宅木结构防腐蚀技术和材料的分类、型号、技术要求、试验方法、检验规则及标志、包装、运输和贮存要点。

[LYCZ]2.3.4.2 村镇住宅立柱结构用木

本标准适用于村镇新建、改建及扩建住宅立柱结构用木的技术要求。本标准规定了村镇住宅立柱结构用木的分类、要求、试验方法、检验规则、标志、包装、运输和贮存。

[LYCZ]2.3.4.3 村镇住宅门窗结构用木

本标准规定了村镇新建、改建及扩建住宅门窗结构用木的技术要求。本标准还规定了村镇住宅门窗结构用木的分类、要求、试验方法、检验规则、标志、包装、运输和贮存。

6.3.3 功能支持体系

（1）概述

功能支持体系包括隔墙体系、管线体系、设备部品体系三部分。

①隔墙体系

隔墙体系的材料、结构方案及构造做法对居住的舒适度和安全度十分重要，隔墙主要有砌体墙、轻钢龙骨、轻质墙板等。其中，砖和砌块砌墙灵活，可以砌筑各种墙体，且村镇住宅零散，工程量较小，砌体墙在村镇建筑中得到大量应用。值得注意的是，黏土砖因价格便宜、取材方便、生产简单，之前在村镇住宅建设中应用广泛，但是生产黏土砖会破坏农田，不利于保护土地资源，当前已被禁止。与此同时，混凝土空心砌块、加气混凝土砌块、多孔砖、空心砖、各种工业废渣砖等新型墙体砌块材料由于优越的节能、环保性能，在建筑领域得到不断推广。

轻钢龙骨一般是以连续热镀锌板带为原材料，经冷弯工艺轧制而成建筑用金属骨架，用于以纸面石膏板、装饰石膏板等轻质板材作饰面的非承重墙体和建筑物屋顶的造型装饰。轻钢龙骨适合作为多种建筑物内外墙体及棚架式吊顶的基础材料。轻质墙板是指采用轻质材料或轻型构造制作，两侧面设有榫头、榫槽及接缝槽，面密度不大于标准规定值，用于建筑的非承重内隔墙的预制条板，一般分为实心条板、空心条板、复合条板等类型。轻钢龙骨和轻质墙板均是新发展的绿色环保隔墙材料。考虑到未来绿色宜居村镇住宅的发展方向，绿色宜居村镇隔墙建设重点推荐混轻钢龙骨、轻质墙板作为隔墙材料。

②管线体系

住宅内各类设备工程的管线构成其管线体系，由于各类设备的施工顺序及施工单位不同，容易造成管线系统的混乱，对后期施工和竣工后的维修及管理带来不便，故应在设计阶段对管线体系进行综合设计，对各种管线工程进行统一安排，使各种管线在住宅内处于合理位置，为施工、使用、管理和维修创造有利条件。

根据性能和用途，住宅内的管线体系一般包含：给水管道，主要有生活给水；排水管道，主要有生活废水、污水及屋面排水；热力管道，主要有采暖、空调等设备中所需的热水；供配电线路或电缆，主要包括电气照明配电及弱电等。以上所列管道和穿线管各有不同的工艺布置要求，考虑到未来绿色宜居村镇的发展方向，村镇住宅管线体系主要梳理分析给水排水管线、电气管线和燃气管线。

③设备部品体系

设备部品为按照一定的边界条件和装配技术，由两个或两个以上的住宅单一产品或复合产品在现场组装而成，构成住宅某一部位中的一个功能单元，能满足该部位一项或者几项功能要求的产品。一般包括屋顶、墙体、楼板、门窗、隔墙、卫生间、厨房、阳台、楼梯、储柜等部品类别。本标准体系主要从门窗部品、设备部品、厨卫部品进行设备部品体系梳理。

（2）标准体系框图

绿色宜居村镇住宅建造技术标准体系功能支持体系的框图如图6-8所示。图中，第二层为通用标准，按照功能支持项目类别分为隔墙体系通用标准、管线体系通用标准和设备部品体系通用标准3大类。第三层为专用标准，同样按照结构材料类别进行划分。

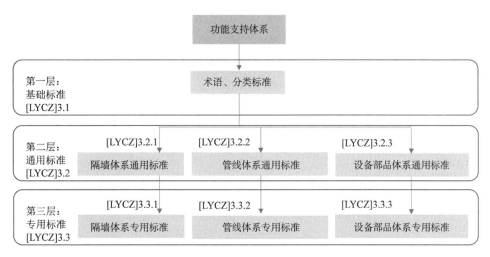

图6-8　绿色宜居村镇住宅建造技术标准体系功能支持体系框图

（3）标准体系表

基于村镇住宅功能支持体系图，研究梳理村镇住宅功能支持相关标准42项（含建议新增标准）。其中，基础标准5项；通用标准17项；专用标准20项。建议新增的标准以绿色宜居为主线，涵盖供热技术、管道防腐等。考虑装配式技术在村镇住宅建设中的优势，特别建议新增相应整体式部品标准，推动装配式建筑发展。绿色宜居村镇住宅建造技术标准体系功能支持体系表见表6-4。

表6-4　绿色宜居村镇住宅建造技术标准体系功能支持体系表

体系分类编码	子体系名称	标准序号	标准项目名称	标准体系编号	现行标准编号	标准状态	类别	特征
[LYCZ]	功能支持体系							
[LYCZ]3.1	功能支持系统基础标准							
[LYCZ]3.1.1	功能支持体系术语、分类标准							

续表

体系分类编码	子体系名称	标准序号	标准项目名称	标准体系编号	现行标准编号	标准状态	类别	特征
		1	给水排水工程基本术语标准	[LYCZ]3.1.1.1	GB/T 50125—2010	现行	国标	术语
		2	建筑门窗术语	[LYCZ]3.1.1.2	GB/T 5823—2008	现行	国标	术语
		3	装配式建筑部品部件分类和编码标准	[LYCZ]3.1.1.3	T/CCES 14—2020	现行	协会标准	分类、编码
		4	装配式建筑部品部件分类编码标准	[LYCZ]3.1.1.4	DBJ 43/T 518—2020	现行	地标	分类、编码
		5	村镇住宅电气系统术语、分类标准	[LYCZ]3.1.1.5		待编		术语、分类
[LYCZ]3.2			功能支持体系通用标准					
[LYCZ]3.2.1			隔墙体系通用标准					
		6	建筑用轻钢龙骨	[LYCZ]3.2.1.1	GB/T 11981—2008	现行	国标	轻质墙板
		7	建筑用轻质隔墙条板	[LYCZ]3.2.1.2	GB/T 23451—2009	现行	国标	轻质墙板
		8	建筑用轻钢龙骨配件	[LYCZ]3.2.1.3	JC/T 558—2007	现行	行标	轻质墙板
		9	轻钢龙骨式复合墙体	[LYCZ]3.2.1.4	JG/T 544—2018	现行	行标	轻质墙板
		10	钢筋陶粒混凝土轻质墙板	[LYCZ]3.2.1.5	JC/T 2214—2014	现行	行标	轻质墙板
		11	乡村建筑内隔墙板应用技术规程	[LYCZ]3.2.1.6	CECS 301：2011	现行	协会标准	墙板应用
		12	轻钢龙骨石膏板隔墙、吊顶应用技术规程	[LYCZ]3.2.1.7	DGTJ 08—2098—2012	现行	地标	轻质墙板
[LYCZ]3.2.2			管线体系通用标准					
		13	村镇住宅常用给水排水设备选用及安装	[LYCZ]3.2.2.1	10SS907	现行	行标	给水排水设备
		14	村镇住宅散热器供暖技术标准	[LYCZ]3.2.2.2		待编		供暖技术
		15	村镇住宅地板辐射供暖技术标准	[LYCZ]3.2.2.3		待编		供暖技术
		16	村镇住宅电气管线技术标准	[LYCZ]3.2.2.4		待编		电气管线
		17	农村燃池供暖系统技术规程	[LYCZ]3.2.2.5		制定中	协会标准	
		18	村镇建筑分时分区供暖系统设计标准	[LYCZ]3.2.2.6		制定中	协会标准	

体系分类编码	子体系名称	标准序号	标准项目名称	标准体系编号	现行标准编号	标准状态	类别	特征
[LYCZ]3.2.3				设备部品体系通用标准				
		19	建筑光伏系统应用技术标准	[LYCZ]3.2.3.1	GB/T 51368—2019	现行	国标	光伏系统
		20	装配式建筑部品与部件认证通用规范	[LYCZ]3.2.3.2	RB/T 058—2020	现行	行标	部品部件认证
		21	村镇装配式住宅部品与部件图集	[LYCZ]3.2.3.3		待编		部品部件图集
		22	村镇装配式住宅部品部件应用通用规范	[LYCZ]3.2.3.4		待编		部品部件设计施工
[LYCZ]3.3				功能支持专用标准				
[LYCZ]3.3.1				隔墙体系专用标准				
		23	现浇泡沫混凝土轻钢龙骨复合墙体应用技术规程	[LYCZ]3.3.1.1	CECS 406：2015	现行	行标	轻质墙板
		24	建筑轻质条板隔墙技术规程	[LYCZ]3.3.1.2	JGJ/T 157—2014	修订中	行标	轻质墙板
		25	轻钢龙骨式复合剪力墙房屋建筑技术规程	[LYCZ]3.3.1.3	DB 32/T 3911—2020	现行	地标	轻质墙板
		26	现浇石膏墙板内隔墙技术规程	[LYCZ]3.3.1.4	DB 34/T 1583—2012	现行	地标	石膏墙板
[LYCZ]3.3.2				管线体系专用标准				
		27	薄壁不锈钢管	[LYCZ]3.3.2.1	CJ/T 151—2016		行标	不锈钢管
		28	建筑排水用高密度聚乙烯（HDPE）管材及管件	[LYCZ]3.3.2.2	CJ/T 250—2007		行标	聚乙烯管道
		29	村镇住宅 PVC 管道	[LYCZ]3.3.2.3		待编		PVC 管道
		30	村镇住宅金属管道防腐	[LYCZ]3.3.2.4		待编		金属管道
[LYCZ]3.3.3				设备部品体系专用标准				
		31	塑料门窗工程技术规程	[LYCZ]3.3.3.1	JGJ 103—2008	现行	行标	城镇设备部品
		32	铝合金门窗工程技术规范	[LYCZ]3.3.3.2	JGJ 214—2010	现行	行标	城镇设备部品
		33	农村小型地源热泵供暖供冷工程技术规程	[LYCZ]3.3.3.3	CECS 313：2012	现行	协会标准	住宅设备部品

体系分类编码	子体系名称	标准序号	标准项目名称	标准体系编号	现行标准编号	标准状态	类别	特征
		34	燃气取暖器	[LYCZ]3.3.3.4	CJ/T 113—2015	现行	行标	城镇设备部品
		35	住宅内用成品楼梯	[LYCZ]3.3.3.5	JG/T 405—2013	现行	行标	城镇设备部品
		36	预制混凝土楼梯	[LYCZ]3.3.3.6	JG/T 562—2018	现行	行标	城镇设备部品
		37	农村无害化卫生厕所使用与维护规范	[LYCZ]3.3.3.7	DB 37/T 2867—2016	现行	地标	住宅设备部品
		38	村镇住宅整体式厨房	[LYCZ]3.3.3.8		待编		整体式厨房
		39	村镇住宅整体式卫浴	[LYCZ]3.3.3.9		待编		整体式卫浴
		40	村镇住宅整体式阳台	[LYCZ]3.3.3.10		待编		整体式阳台
		41	乡村厕所建设改造适用性技术指南	[LYCZ]3.3.3.11		制定中	协会标准	厕所
		42	西北村镇多能互补分布式能源应用技术导则	[LYCZ]3.3.3.12		制定中	协会标准	分布式能源

（4）标准项目说明

[LYCZ]3.1 功能支持系统基础标准

[LYCZ]3.1.1 功能支持体系术语、分类标准

[LYCZ]3.1.1.5 村镇住宅电气系统术语、分类标准

本标准适用于村镇住宅电气系统的设计、施工和运行管理。本标准为了统一村镇住宅电气系统术语、分类的技术准则，根据电气系统的性质、功能等因素对电气系统进行了术语定义和分类。

[LYCZ]3.2.2 管线体系通用标准

[LYCZ]3.2.2.2 村镇住宅散热器供暖技术标准

本标准适用于村镇住宅采用散热器的供暖系统的设计、施工及性能检测。本标准规定了住宅散热器供暖系统的管线设计、设备选择及运行维护要点。

[LYCZ]3.2.2.3 村镇住宅地板辐射供暖技术标准

本标准适用于村镇住宅采用辐射地板的供暖系统的设计、施工及性能检测。本标准规定了住宅辐射地板供暖系统的管线设计、设备选择及运行维护要点。

[LYCZ]3.2.2.4 村镇住宅电气管线技术标准

本标准适用于村镇地区新建、改建和扩建住宅建筑的电气管线设计、施工、检测和维护。本标准规定了村镇住宅电气管线配电线路布线系统、有线电视和卫星电视接收系统等全过程的技术要求。

[LYCZ]3.2.2.5 农村燃池供暖系统技术规程

本标准适用于农村地区新建、改建和扩建住宅建筑的燃池供暖系统设计、施工和运行维护。本标准规定了农村燃池供暖系统热源、输配及末端的选择及运行维护要点。

[LYCZ]3.2.2.6 村镇建筑分时分区供暖系统设计标准

本标准适用于村镇地区新建、改建和扩建建筑分时分区供暖系统设计、运行调控、施工安装和维护管理，精准、高效提升我国村镇建筑热环境设计与调控水平。

[LYCZ]3.2.3 设备部品体系通用标准

[LYCZ]3.2.3.3 村镇装配式住宅部品与部件图集

本标准适用于村镇地区装配式住宅建筑的设计。本标准收纳了大部分装配式村镇住宅常用的、典型的建筑部品、部件的设计工程做法和构造详图。

[LYCZ]3.2.3.4 村镇装配式住宅部品部件应用通用规范

本标准适用于村镇地区装配式住宅建筑的设计、施工与运行维护。本标准规定了村镇装配式住宅部品部件的种类、使用条件、性能要求及应用的主要技术措施。

[LYCZ]3.3 功能支持体系专用标准

[LYCZ]3.3.2 管线体系专用标准

[LYCZ]3.3.2.3 村镇住宅PVC管道

本标准适用于村镇新建、改建及扩建住宅采用PVC管道的技术要点。本标准规定了对村镇住宅PVC管道的要求、试验方法、检验规则、标志、包装、运输和贮存要求。

[LYCZ]3.3.2.4 村镇住宅金属管道防腐

本标准适用于村镇住宅金属管道防腐。本标准规定了村镇住宅所用金属管道防腐蚀技术和材料的分类、型号、技术要求、试验方法、检验规则及标志、包装、运输和贮存等要点。

[LYCZ]3.3.3 设备部品体系专用标准

[LYCZ]3.3.3.8 村镇住宅整体式厨房

本标准规定了村镇住宅内用整体式厨房的术语和定义、分类和标记、材料、一般规定、要求、试验方法、检验规则以及标志、包装、运输、贮存和随行文件。

[LYCZ]3.3.3.9 村镇住宅整体式卫浴

本标准规定了村镇住宅内用整体式卫浴的术语和定义、分类和标记、材料、一般规定、要求、试验方法、检验规则以及标志、包装、运输、贮存和随行文件。

[LYCZ]3.3.3.10 村镇住宅整体式阳台

本标准规定了村镇住宅内用整体式阳台的术语和定义、分类和标记、材料、一般规定、要求、试验方法、检验规则以及标志、包装、运输、贮存和随行文件。

[LYCZ]3.3.3.11 乡村厕所建设改造适用性技术指南

本标准适用于乡村厕所系统建设改造和粪污处理（资源化）技术方案与模式选择，主要内容包括：总则、厕所类型及适用场合（水冲厕所、节水型厕所、干封式厕所及生态旱厕、新型卫生厕所）、粪污处理技术（好氧处理、厌氧及兼性厌氧处理、厕所粪污处理新技术、粪肥资源利用技术）、建设改造适用性模式等。

[LYCZ]3.3.3.12 西北村镇多能互补分布式能源应用技术导则

本标准适用于指导西北村镇新建、扩建、改建民用建筑中的多能互补分布式能源应用工程的设计、施工、验收、运行维护及效益评估，主要内容包括：总则、术语、基本规定、冷热电负荷、多能互补系统等。

第 7 章

绿色宜居村镇住宅
建造技术的支持平台

7.1 建造技术数据库与咨询服务平台现状及发展趋势

7.1.1 国外建造技术数据库与咨询服务平台应用现状

美国Rural Builder杂志隶属于Shield Wall Media杂志社，对普通居民、设计师等开放，提供线上线下杂志，可以在线下载，也可以订阅杂志。该杂志为受众提供房屋建筑新闻、房屋设计思想以及房屋产品信息等，通过媒体实现住房建造方式的收集和发布。

德国专利商标局是德国联邦司法部管辖的联邦高级行政机构，是管理德国工业产权的中心。德国专利商标局网站除了提供德国本国专利局所拥有的数据库以外，同时提供其他许多国家专利局的数据库链接，以及多个商业检索数据库的链接。例如，esp@cenet数据库、PCT公报、美国网站专利数据库、加拿大专利数据库、日本PAJ专利数据库、STN、Delphion、美国引文数据库等。它面向所有用户，可以在线检索，对于需要查询的内容需要注册付费使用。它很注重设计资料的知识产权管理，将设计资料作为一种产品进行交易。

英国政府数据中心致力于帮助人们查找和使用公开的政府数据，并支持政府发布者维护数据，它面向所有用户，可在网站上查找中央政府、地方当局和公共机构发布的数据，可在线检索，数据可免费使用。网站内的总数据库包括住房等数据库，类似中国国家数据统计机构。

法国建造技术相关网站由企业研发，针对建造者可在线检索，部分有偿使用。网站比较系统，包括多种类型的农房产品、建造方法、建筑类型、建造流程以及注意事项等。

7.1.2 国内建造技术数据库与咨询服务平台应用现状

"农房建设服务网"是江苏省住房和城乡建设厅牵头组织，江苏省城镇与乡村规划设计院、江苏省城乡发展研究中心、江苏省建设信息中心和江苏省乡村规划建设研究会，依托江苏省多年来的研究与实践成果，特别打造的面向公众开放，集知识普及、自主设计和参与互动为一体的技术服务平台。网站建设缘起于江苏省特色田园乡村建设、苏北农民住房条件改善等工作，继而推广到服务全省乡村地区，目的是进一步推动实施乡村振兴战略，加快城乡融合发展，提高乡村现代化水平，促进城乡建设高质量发展，并在这个过程中让各级政府、社会力量、乡村设计师和农民群众参与农房设计、共建美好家园。

"农房建设服务网"根据网站使用者的需求，形成"政策文件""设计图集""我选我建""乡建服务""乡建案例""乡建课堂""乡建问答"七大板块。政策文件板块发布国家和江苏省在乡村建设和农房建设方面的政策法规和技术指南,为农民建房提供相关政策引导和政策普及。设计图集板块展示江苏省住房和城乡建设厅组织编制的各类指导乡村建设的设计图集,包括建筑图集、景观图集和其他图集,为农民建房提供相关参考和借鉴。我选我建板块依托《江苏省农房设计方案汇编》和《江苏省2018农房设计竞赛获奖作品选编》等资源库,提供地区、户型、面积等选择,对农房设计进行可视化展示。乡建服务板块包括在乡建领域有丰富经验的乡建人和乡建团队,乡建人包括乡村设计师和乡村工匠,乡建团队包括乡建设计、绿色建筑、装配式建筑、全过程咨询、工程总承包、综合服务等方面的单位,为农民建房提供相关支持和服务。乡建案例板块包括国际案例和国内案例,主要展示国内外优秀的乡建经验和建设成效。乡建课堂板块包括专家讲座和科普知识,为村民提供通俗的专业讲座视频和乡建知识普及。乡建问答板块包括在线咨询和常见问答,为村民提供在线咨询的窗口,对常见问题进行统一回复与发布,并根据需要选择部分共性问题及回复发布在前台。

7.1.3 国内外建造技术数据库与咨询服务平台应用比较及发展趋势

国外建造技术咨询服务平台与数据库在研发主体方面主要以企业投入为主,政府机构参与较少;在管理主体方面,多为谁研发谁管理;在应用对象方面,较为多元,目的是解决建造需求,盈利方式多样。

国内建造技术咨询服务平台与数据库在研发主体方面,企业和政府研发都有,商业类平台为企业主导研发,公益性平台以政府投入为主;在管理主体方面,企业研发的平台,企业自己管理,政府投入的平台,由相关事业单位委托运营机构进行管理运营;在应用对象方面,企业类平台商业模式类似,收费内容清晰,政府类平台为公益性平台,不直接收费,资源多为免费。

结合国内外发展现状,数据库与咨询服务平台的发展趋势以企业自主研发、自主经营管理为主,同时立足自身业务特点,发挥自身业务长处,通过信息化平台锦上添花,增强自身的业务优势。在盈利方面,以主营业务作为盈利渠道,但通过公开数据库实现收益的模式是比较困难的。

7.2 建造技术数据库与咨询服务平台目标分析

当前我国村镇住宅在建造过程中存在建造标准缺失、建设过程缺乏技术指导等问题，房屋在质量、安全、布局、工艺流程以及传统风貌等方面的不可控因素较多；同时农村信息化程度低，建造技术数据库、咨询服务系统的运营和管理平台研发滞后，网络科技推广滞后。课题研究围绕原型屋的搭建，形成绿色宜居村镇住宅建造技术清单，提出与之匹配的配套技术标准和指标参数，课题在此基础上开发基于互联网平台的村镇住宅建造技术咨询服务系统，满足村镇住宅自主建造、维护简便的需求。

研究依托互联网平台与大数据技术支撑，聚焦村镇住宅传统建造工艺与产业化建造工艺的整合设计及配套建造技术，通过数据资料收集、技术调研测试与使用者需求调研等方式，选取包括建筑设计体系、主体结构体系、围护结构体系、功能支持体系（包含隔墙、管线、部品三个子体系）在内的不少于50项绿色宜居村镇住宅建造关键性技术及其具体实践案例，构建基于MVC三层开发架构的绿色宜居村镇住宅建造技术数据库，并以该数据库为基本信息内核，基于互联网平台，开发适用、高效、灵活、便利的住宅建造技术咨询服务系统，引导绿色宜居村镇住宅建造关键性技术的规范化应用。

在村镇住宅建造技术研究方面，通过搭建村镇住宅"原型屋"，探索住宅建造技术体系的构建规律，从设计方法、技术架构、关键要点、建造流程、经济性分析等维度，提出包括建筑设计体系、主体结构体系、围护结构体系、功能支持体系四个关键建造层面的技术清单和标准体系，并通过示范应用，在村镇领域进行验证和推广。研究通过资料收集、数据调研、技术测试、使用者需求调查等方法，针对建设全专业的技术清单进行技术筛选和优化，总结提炼出不少于50项适用于村镇住宅的建造技术及案例，并采用信息数字化手段开发绿色宜居村镇住宅建造技术数据库；通过输入住宅建造者、管理者的需求和反馈，提取相应的建造技术数据，构建绿色宜居村镇住宅建造技术咨询服务系统（图7-1）。

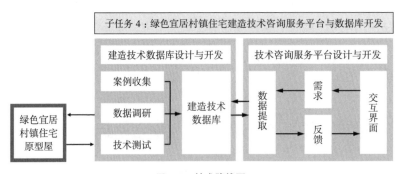

图7-1 技术路线图

　　本项研究的主要创新点是利用互联网平台与数据库技术，构建具有沟通即时和智慧互联特征的数字化绿色宜居村镇住宅建造技术咨询服务系统，在降低村镇住宅自主建造技术门槛的同时，提高村镇住宅建造的科学化与规范化水平。

7.3　建造技术数据库与咨询服务平台架构

7.3.1　咨询服务平台架构

　　咨询服务平台主要包括表现层、业务层、技术支撑层、数据资源层以及底层的硬件设施层。平台依托数据资源和技术支撑，形成具体的业务层（图7-2）。

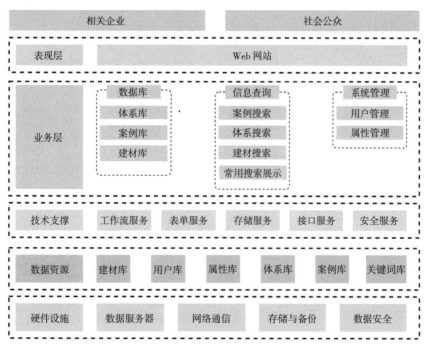

图7-2　咨询服务平台架构

　　对应Web网站应用架构包含主页、数据库和系统设置三部分。主页包含搜索功能和登录注册功能；数据库分为体系库和案例库，体系库包含四个建筑体系建造数据，案例库包含六个装配式住宅的建造数据，随着建造技术的发展，相关的数据资料及案例会不断地进行补充和更新；系统设置包括用户设置和属性设置（图7-3）。

图7-3　Web网站应用架构

7.3.2　数据库架构

研究按照建筑设计体系、主体结构体系、围护结构体系、功能支持体系（包含隔墙、管线、部品三个子体系）四个体系以及实践案例，搭建绿色宜居村镇住宅建造数据库架构，并按照数据库架构进行关键性建造技术及具体实践案例的信息数据采集。建造技术数据采集过程中，聚焦村镇住宅传统建造工艺与产业化建造工艺两方面的建造技术，搭建绿色宜居村镇住宅建造数据库（图7-4）。

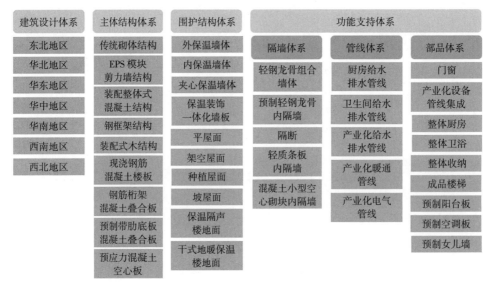

图7-4　数据库架构

（1）建筑设计体系

我国各地区在气候、环境、资源、经济发展水平与民俗文化等方面都存在较大差异，因地制宜是村镇住宅建设的基本原则，因此依据我国地理区划，建筑设计体系涵盖东北、华北、华东、华中、华南、西南、西北七个地区的村镇住宅设计案例。

（2）主体结构体系

主体结构是基于地基与基础之上，由若干构件连接而成，能够承担和传递建设工程所有上部荷载的平面或空间体系。村镇住宅结构体系较多，据统计砖混结构、砖木结构、砌体结构、木结构等结构体系仍旧是我国传统农村住宅结构体系的主要形式；与此同时，装配式建造技术发展迅速，其建造质量高、建造成本低、房屋节能性好的特点十分适合传统农村住宅的更新换代。因此，主体结构体系涵盖传统和产业化两类建造技术数据，包含传统砌体结构、产业化EPS模块剪力墙结构、装配整体式混凝土结构、钢框架结构等建造数据。

（3）围护结构体系

围护结构是指建筑物及房间各面的围护物，不透明的建筑围护结构体系包含外墙、屋面和地面三部分，建造技术分为传统建造和产业化建造两类。建造数据包含不同形式的保温墙体、平屋面、坡屋面、保温地面等建造数据。

（4）功能支持体系

功能支持体系包含隔墙、管线、部品三个子体系。其中隔墙体系涵盖传统和产业化两类建造技术数据，既包含传统的混凝土小型空心砌块内隔墙，也包含产业化的轻钢龙骨组合墙体、预制轻钢龙骨内隔墙、轻质条板内隔墙、隔断等建造数据。住宅管线体系主要是指建筑机电管线技术，涉及给水排水、暖通、电气等专业的管线安装，既包含传统的管线设置技术，也包含管线与土建结构脱离以及管线集成等产业化设置技术。建筑部品是具有相对独立功能的建筑产品，是由建筑材料、单项产品构成的部件、构件的总称。部品体系包含门窗、整体厨房、整体卫浴、成品楼梯、预制阳台板等建造数据，侧重于产业化建造技术数据。

（5）实践案例

本研究通过实地考察及技术测试，整理收集河北辛集雪龙、藏建科技装配基地六个产业化住宅案例建造数据，完成具体实践案例的数据采集。

7.4 建造技术数据库体系及数据

7.4.1 建筑设计体系

我国地域广阔，区域自然环境、经济条件、生活习惯迥异，因此住宅建筑的平面、空间、建材、建造等方面都有各自的特点。建筑设计体系数据库依据地理区划，展示东北、华北、华东、华中、华南、西南、西北七个地区的典型村镇住宅建筑设计方案。设计方案包含技术经济指标、建筑平/立/剖面图。以华北（表7-1、图7-5）、华南（表7-2、图7-6）两个地区村镇住宅设计方案为例展示。

表7-1　华北地区村镇住宅设计技术经济指标

每户宅基地面积	210.0m²
每户建筑面积	132.7m²
层数	2
户型特点	配置前后两个庭院，前院可用于植物种植，后院可放置杂物和牲畜饲养

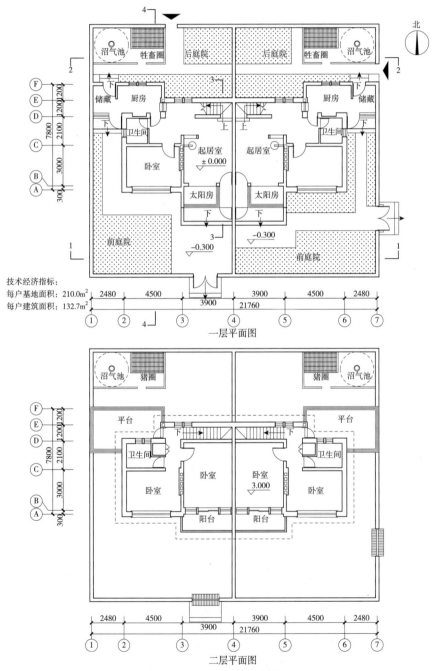

图7-5　华北地区村镇住宅设计方案图

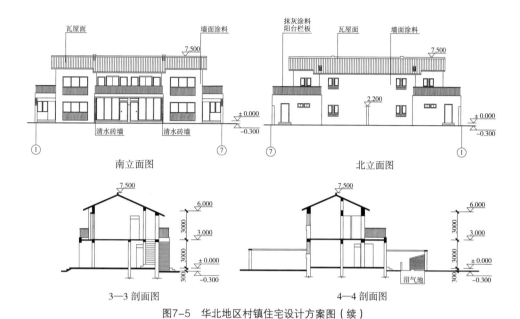

南立面图　　　　　　　　　　　　北立面图

3—3 剖面图　　　　　　　　　　　4—4 剖面图

图7-5　华北地区村镇住宅设计方案图（续）

表7-2　华南地区村镇住宅设计技术经济指标

每户宅基地面积	231.0m²
每户建筑面积	377.5m²
层数	2
户型特点	配置民宿功能，首层设置餐饮、客房功能，二层为住宿功能

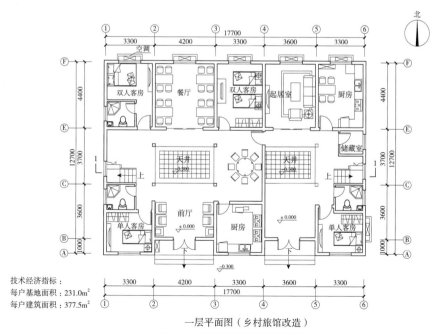

技术经济指标：
每户基地面积：231.0m²
每户建筑面积：377.5m²

一层平面图（乡村旅馆改造）

图7-6　华南地区村镇住宅设计方案图

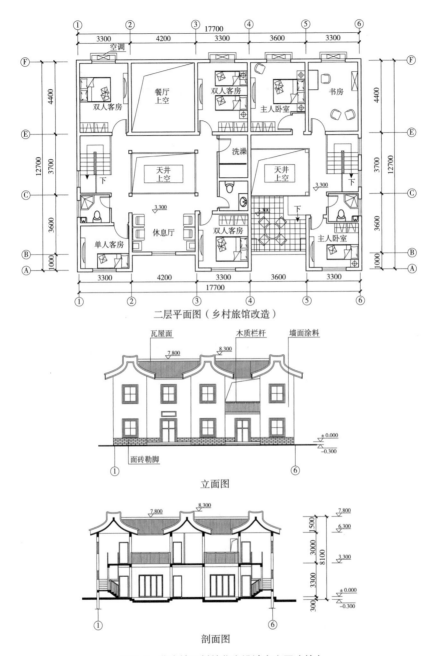

图7-6 华南地区村镇住宅设计方案图（续）

7.4.2 主体结构体系

村镇住宅结构体系较多，涵盖传统和产业化两类建造技术数据，包含传统砌体结构、产业化EPS模块剪力墙结构、装配整体式混凝土结构、钢框架结构等建造数据。以传统砌体结构（表7-3）和产业化EPS模块剪力墙结构（表7-4）为例展示。

表7-3　传统砌体结构

<table>
<tr><td>定义</td><td colspan="2">砌体结构是由块体和砂浆砌筑而成的墙、柱等作为建筑物主要受力构件的结构，是砖砌体、砌块砌体和石砌体结构的统称</td><td rowspan="7">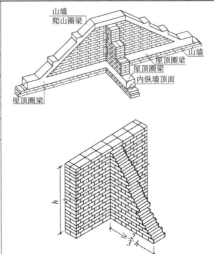</td></tr>
<tr><td rowspan="6">适用范围</td><td colspan="2">使用年限：设计使用年限 50 年</td></tr>
<tr><td colspan="2">安全等级：二级</td></tr>
<tr><td colspan="2">抗震设防烈度：6~8 度地区</td></tr>
<tr><td colspan="2">层数：低层、多层</td></tr>
<tr><td colspan="2"></td></tr>
<tr><td colspan="2">地区：适用于我国大部分地区</td></tr>
</table>

结构材料	烧结类砖	烧结黏土砖、页岩砖、煤矸石砖、粉煤灰砖，尺寸 240mm×115mm×53mm，强度等级不应低于 MU10，砌筑砂浆强度等级不应低于 M5
	非烧结类砖	蒸压灰砂砖、蒸压粉煤灰砖，尺寸 240mm×115mm×53mm，强度等级不应低于 MU15，砌筑砂浆强度等级不应低于 M5
	混凝土砖	普通砖尺寸 240mm×115mm×53mm；多孔砖尺寸 240mm×115mm×90mm，强度等级不应低于 MU5（低层）、MU7.5（多层），砌筑砂浆强度等级不应低于 Mb5（非抗震设防区）、Mb7.5（抗震设防区）
	混凝土小型空心砌块	尺寸 390mm×190mm×190mm，强度等级不应低于 MU5（低层）、MU7.5（多层），砌筑砂浆强度等级不应低于 Mb5（非抗震设防区）、Mb7.5（抗震设防区）
	蒸压加气混凝土砌块	尺寸 250mm×200mm×300mm 为常用规格；强度等级不应低于 MU5（低层）、MU7.5（多层），砌筑砂浆强度等级不应低于 Mb5（非抗震设防区）、Mb7.5（抗震设防区）
	复合保温砌块	保温层厚度 ≥ 50mm、外叶层厚度 ≥ 25mm

结构选型

1. 纵横承重墙（抗震墙）的布置宜均匀对称，在平面内宜对齐，沿竖向上下连续；同一轴线上的窗间墙宽度宜均匀；优先采用横墙承重或纵横墙共同承重的结构体系；
2. 房屋的体形宜简单、规整，平面、立面宜规则、对称；
3. 当设防烈度为 8、9 度时不应采用硬山搁檩屋盖；
4. 最大高宽比，7 度及 7 度以下不宜大于 2.5，8 度不宜大于 2.0；
5. 窗间墙宽度均匀，抗震设防烈度为 6、7 度时洞口面积不宜大于墙面面积的 55%，8 度时不宜大于 50%；
6. 房屋的层数和高度限值应符合下表的规定：

砌体房屋的层数和总高度限值

<table>
<tr><td colspan="2" rowspan="3">房屋类别</td><td rowspan="3">最小抗震墙厚（mm）</td><td colspan="6">设防烈度和设计基本地震加速度</td></tr>
<tr><td colspan="2">6 度</td><td colspan="2">7 度</td><td rowspan="2" colspan="2">8 度
0.20g</td></tr>
<tr><td colspan="2">0.05g</td><td>0.10g</td><td>0.15g</td></tr>
<tr><td colspan="2"></td><td></td><td>高度</td><td>层数</td><td>高度</td><td>层数</td><td>高度</td><td>层数</td><td>高度</td><td>层数</td></tr>
<tr><td rowspan="4">多层砌体房屋</td><td>普通砖</td><td>240</td><td>21</td><td>7</td><td>21</td><td>7</td><td>21</td><td>7</td><td>18</td><td>6</td></tr>
<tr><td>多孔砖</td><td>240</td><td>21</td><td>7</td><td>21</td><td>7</td><td>18</td><td>6</td><td>18</td><td>6</td></tr>
<tr><td>多孔砖</td><td>190</td><td>21</td><td>7</td><td>18</td><td>6</td><td>15</td><td>5</td><td>15</td><td>5</td></tr>
<tr><td>小砌块</td><td>190</td><td>21</td><td>7</td><td>21</td><td>7</td><td>18</td><td>6</td><td>18</td><td>6</td></tr>
</table>

建造技术	楼（屋）盖结构	预制楼（屋）盖	普通钢筋混凝土空心板跨度不宜大于4.2m，预应力混凝土空心板跨度不宜大于6.9m，预应力混凝土平板跨度不宜大于9m，板厚120mm、130mm、180mm和190mm； 预制板下的支承墙体应设置混凝土圈梁，且外墙支承圈梁宜为L形； 预制板应拉开板缝，板缝宽度不小于40mm，且板缝内应设置拉结钢筋或拉结网片，并与圈梁连接或锚固，板缝应采用不低于C20的细石混凝土填缝
		装配钢筋混凝土楼（屋）盖	预制板的板缝宽度不应小于40mm，当板缝大于40mm时应在板缝内配置钢筋，并贯通整个结构单元。预制板板缝的混凝土强度等级应高于预制板的混凝土强度等级，且不应低于C20； 楼（屋）盖均应设置钢筋混凝土现浇层，现浇层的强度等级不应低于C20，现浇层厚度不小于50mm，并应通长配置直径为6~8mm、间距为150~250mm的双向分布钢筋，预制板与后浇的叠合层应有可靠的连接
		现浇钢筋混凝土楼（屋）盖	优先采用工业化的焊接钢筋网片。现浇板内埋设管线时，管外径不得大于板厚的1/3，交叉管线应妥善处理； 现浇悬臂挑檐板或天沟板的伸缩缝间距不应大于15m；当屋面板的长度大于30m时，应在配筋构造上加强其抗温度变形的措施

墙、柱截面尺寸

墙、柱	截面尺寸	备注
承重独立砖柱	≥ 240mm × 370mm	避免370mm × 370mm截面
承重独立砌块柱	≥ 390mm × 390mm	灌孔混凝土灌实
毛石砌体墙	厚度 ≥ 350mm	
毛料石柱	较小边长 ≥ 400mm	
承重砌体墙	厚度 ≥ 190mm	墙段长度不小于490mm

梁下墙体设置壁柱、组合壁柱或构造柱条件

墙厚	梁跨	墙体是否设置壁柱
240mm	大于6.0m	是
190mm	大于4.8m	是

（砌体墙）

不同类型砌体的圈梁设置要求

砌体类型	圈梁设置要求	
单层砖砌体房屋	檐口标高5~8m，檐口标高处设置圈梁一道	檐口标高大于8m，檐口标高处设置圈梁一道，门窗洞顶增设
单层砌块及料石砌体房屋	檐口标高为4~5m时，檐口标高处设置圈梁一道	檐口标高大于5m，檐口标高处设置圈梁一道，门窗洞顶处增设
多层砌体房屋	层数为3~4层，在底层和檐口标高处设置圈梁一道	层数超过4层，至少在所有纵横墙上隔层设置圈梁
	设置墙梁的多层房屋，在托梁、墙梁顶面和檐口标高处设置圈梁	

（圈梁）

建造技术	构造柱	设置原则	对大开间荷载较大或层高较高以及层数大于等于 8 层的砌体房屋宜按下列要求设置构造柱：墙体的两端；较大洞口的两侧；房屋纵横墙交接处；构造柱的间距不宜大于 4m，其他情况下不宜大于墙高的 1.5~2.0 倍及 5m；构造柱应与圈梁有可靠的连接。下列情况宜设置构造柱：受力或稳定性不足的小墙垛；跨度较大的梁下墙体的厚度受限时；墙体高厚比较大（如自承重墙）或风荷载较大时，可在墙的适当部位设置构造柱；楼梯间、电梯间四角，楼梯斜段上下端对应墙体处；女儿墙和较长窗台墙等悬臂墙，每隔 2m 设置构造柱
		构造要求	构造柱的截面宽度宜为墙厚，且不应小于 180mm，沿墙长方向的尺寸视砌体类别和所在房屋墙体中的部位而定，一般不宜小于 240mm，边柱、角柱的截面宜适当加大。构造柱的施工顺序应为：先砌墙后浇混凝土构造柱
	过梁	砖砌过梁	钢筋砖过梁和砖砌平拱的跨度分别不应大于 1.5m 和 1.2m；房屋两端不宜采用无筋砖过梁，房屋的主要出入口、楼梯间等处不宜采用砖砌平拱和砖弧拱；砖砌平拱应用竖砖砌筑，高度不应小于 240mm
		钢筋混凝土或配筋砌块砌体过梁	紧靠外纵、横墙的洞口处；外廊式走道端头的洞口处；承受楼板、屋面板荷载而洞口上部砌体高度小于洞口跨度 1/2 时；有可能产生不均匀沉陷的房屋时；有较大的振动荷载时
	楼梯间		楼梯间不宜设置在房屋的尽端或转角处，楼梯间外墙不应开设较大的出入口。楼梯间、电梯间四角，楼梯斜段上下端对应墙体处宜设置构造柱；烧结砖强度等级不应低于 MU10，蒸压砖、混凝土砖强度等级不应低于 MU15，混凝土砌块强度等级不应低于 MU10，砌筑砂浆强度等级不应低于 M7.5
	部品		厨房、卫生间等潮湿房间宜采用现浇混凝土楼板；阳台、雨篷等悬挑构件，当外挑长度大于 1.2m 时宜采用现浇梁板结构；门洞宽 ≥ 2.0m 时，砖砌体宜在洞口设置钢筋混凝土门框或构造柱；砌块砌体应在洞边的 1~2 个孔中设置钢筋混凝土芯柱。当该墙为刚性或刚弹性房屋的横墙时，其洞口宽度不宜大于墙长的 1/2
	基础		房屋基础的埋置深度除岩石地基外，不宜小于 500mm，并应满足防冻要求；房屋基础的材料可采用实心砖、石、灰土或三合土等

基础类型及适用范围

基础类型	适用房屋特征
墙下无筋扩展基础 独立柱基础	多层砌体
	无地下室
	地基较好
	荷载不大
钢筋混凝土扩展基础	平面宽度较大
筏板基础	地基较差
条形基础、筏基、桩基	抗震要求高

表7-4　EPS模块剪力墙结构

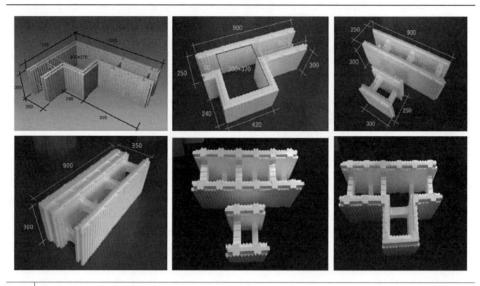

定义	按照错缝插接的原则拼装 EPS 空腔模块，根据结构要求在空腔内配置钢筋、在空腔内现浇混凝土，然后在墙体的内外侧依次做找平层、抹面层及饰面层，形成的保温承重墙体系统即为 EPS 模块剪力墙系统				
适用范围	使用年限：设计使用年限 50 年				
	安全等级：二级				
	抗震设防烈度：不大于 8 度				
	层数：建筑高度15m 以下、地上建筑层数不大于 3 层				
	地区：适用于我国大部分地区				

结构材料	I 型 EPS 空腔模块	可发性聚苯乙烯珠粒加热发泡后，通过工厂标准化生产设备一次成型制得，并与混凝土剪力墙结构和轻钢结构有机结合的聚苯乙烯泡沫塑料型材或构件				
	II 型 EPS 空腔模块	石墨可发性聚苯乙烯珠粒经加热发泡后，通过工厂标准化生产设备一次成型制得，并与混凝土剪力墙结构和轻钢结构有机结合的聚苯乙烯泡沫塑料型材或构件，外观呈灰黑色				

模块性能指标

结构材料	模块性能指标	项目		性能指标			试验方法
		表观密度（kg/m³）		20	30	35	GB/T 29906
		压缩强度（MPa）		≥ 0.12	≥ 0.20	≥ 0.25	
		导热系数[W/（m·K）]		≤ 0.037	≤ 0.033	≤ 0.030	
		尺寸稳定性（%）		≤ 0.3			
		水蒸气透过系数[ng/（Pa·m·s）]		≤ 4.0			
		吸水率（体积分数）（%）		≤ 2.0			
		熔结性能	断裂弯曲负荷（N）	≥ 30	≥ 40	≥ 45	
			弯曲变形（mm）	≥ 20			
		燃烧性能等级		B1 级			GB 8624
		垂直于板面方向抗拉强度（MPa）		≥ 0.15	≥ 0.20	≥ 0.25	GB/T 29906

续表

模块尺寸	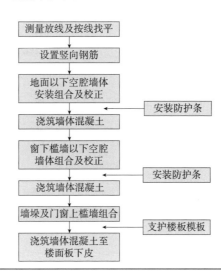模块组合形式（表格图示）

结构选型

1. 复合墙体的建筑模数应与模块的模数相吻合，水平和竖向扩大模数均应按 3M 执行；
2. 门窗上槛墙的高度不小于 60mm，门窗间墙垛宽度和转角墙垛宽度均不小于 60mm

墙体结构设计要求

序号	地震烈度	建筑层数	建筑高度	混凝土强度等级	单排配筋
1	≤ 7 度	单层	≤ 4.5m	≥ C20	竖向 $\phi 8@300$、横向 $\phi 6@300$
2	≤ 7 度	≤ 3 层	≤ 12m	≥ C25	竖向 $\phi 10@300$、横向 $\phi 10@300$
3	≤ 8 度	单层	≤ 4.5m	≥ C20	竖向 $\phi 10@300$、横向 $\phi 10@300$
4	≤ 8 度	≤ 3 层	≤ 12m	≥ C30	竖向 $\phi 12@300$、横向 $\phi 12@300$

建造技术

1. 复合墙体内外表面（无论是地面以上或是地面以下）均应采用厚抹灰防护面层抹面；防护面层表面不设分隔条（缝），若建筑确需要设置分格条（缝）时，其内应填塞不燃密封材料；
2. 模块安装组合若出现非整块时，应使用切割器按所需要的形状和规格现场加工，按标准完成企口插接组合，不得用手锯切割模块和平口对接缝组合；
3. 直径小于 80mm 的新风和排风热回收系统的管道、电气和通信等配套工程的线管、可再生能源温度调节系统的线管等宜敷设在复合墙体空腔内；直径不大于 15mm 的线管可敷设在厚抹灰防护面层内；
4. EPS 模块墙体安装施工工艺流程图如下：

测量放线及按线找平
↓
设置竖向钢筋
↓
地面以下空腔墙体安装组合及校正 ← 安装防护条
↓
浇筑墙体混凝土
↓
窗下槛墙以下空腔墙体组合及校正 ← 安装防护条
↓
浇筑墙体混凝土
↓
墙垛及门窗上槛墙组合 ← 支护楼板模板
↓
浇筑墙体混凝土至楼面板下皮

7.4.3 围护结构体系

围护结构体系涵盖传统建造和产业化建造两类建造技术数据，具体包含不同形式的保温墙体、平屋面、坡屋面、保温地面、非保温地面等建造数据。以传统外保温墙体（表7-5）和产业化夹心保温墙体（表7-6）建造技术为例展示。

表7-5 外保温墙体

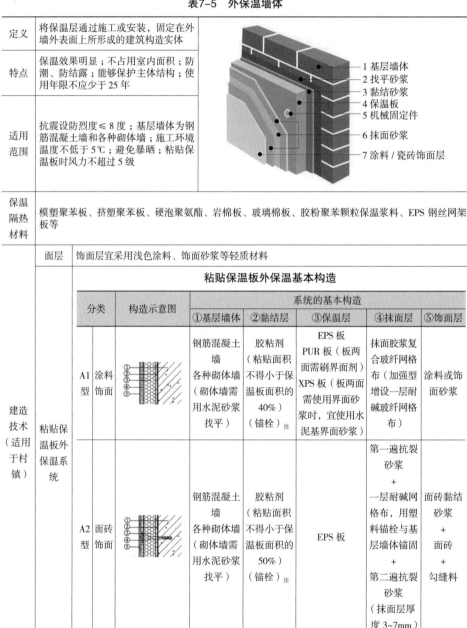

定义	将保温层通过施工或安装，固定在外墙外表面上所形成的建筑构造实体	
特点	保温效果明显；不占用室内面积；防潮、防结露；能够保护主体结构；使用年限不应少于 25 年	1 基层墙体 2 找平砂浆 3 黏结砂浆 4 保温板 5 机械固定件 6 抹面砂浆 7 涂料 / 瓷砖饰面层
适用范围	抗震设防烈度 ≤ 8 度；基层墙体为钢筋混凝土墙和各种砌体墙；施工环境温度不低于 5℃；避免暴晒；粘贴保温板时风力不超过 5 级	

保温隔热材料	模塑聚苯板、挤塑聚苯板、硬泡聚氨酯、岩棉板、玻璃棉板、胶粉聚苯颗粒保温浆料、EPS 钢丝网架板等

面层	饰面层宜采用浅色涂料、饰面砂浆等轻质材料

粘贴保温板外保温基本构造

分类		构造示意图	系统的基本构造				
			①基层墙体	②黏结层	③保温层	④抹面层	⑤饰面层
A1型	涂料饰面		钢筋混凝土墙各种砌体墙（砌体墙需用水泥砂浆找平）	胶粘剂（粘贴面积不得小于保温板面积的40%）（锚栓）注	EPS 板 PUR 板（板两面需刷界面剂） XPS 板（板两面需使用界面砂浆时，宜使用水泥基界面砂浆）	抹面胶浆复合玻纤网格布（加强型增设一层耐碱玻纤网格布）	涂料或饰面砂浆
A2型	面砖饰面		钢筋混凝土墙各种砌体墙（砌体墙需用水泥砂浆找平）	胶粘剂（粘贴面积不得小于保温板面积的50%）（锚栓）注	EPS 板	第一遍抗裂砂浆 + 一层耐碱网格布，用塑料锚栓与基层墙体锚固 + 第二遍抗裂砂浆 （抹面层厚度3~7mm）	面砖黏结砂浆 + 面砖 + 勾缝料

（建造技术标注：建造技术（适用于村镇）— 粘贴保温板外保温系统）

续表

<table>
<tr>
<td rowspan="2">建造技术（适用于村镇）</td>
<td>胶粉EPS颗粒保温浆料外保温系统</td>
<td>

胶粉EPS颗粒浆料外保温系统基本构造

<table>
<tr><th rowspan="2" colspan="2">分类</th><th rowspan="2">构造示意图</th><th colspan="5">系统的基本构造</th></tr>
<tr><th>①基层墙体</th><th>②界面层</th><th>③保温层</th><th>④抹面层</th><th>⑤饰面层</th></tr>
<tr><td>B1型</td><td>涂料饰面</td><td>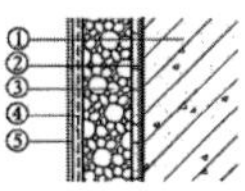</td><td>钢筋混凝土墙
各种砌体墙（砌体墙需用水泥砂浆找平）</td><td>界面砂浆</td><td>胶粉EPS颗粒保温浆料</td><td>抹面胶浆复合耐碱玻纤网格布（加强型增设一层耐碱玻纤网格布）
+
弹性底涂
（总厚度普通型3~5mm，加强型5~7mm）</td><td>柔性耐水腻子（工程设计有要求时）
+
涂料</td></tr>
<tr><td>B2型</td><td>面砖饰面</td><td>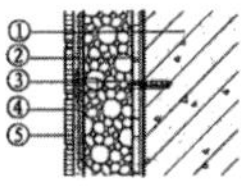</td><td>钢筋混凝土墙
各种砌体墙（砌体墙需用水泥砂浆找平）</td><td>界面砂浆</td><td>胶粉EPS颗粒保温浆料</td><td>第一遍抗裂砂浆
+
热镀锌金属网（四角电焊网或六角编织网），用塑料锚栓与基层墙体锚固
+
第二遍抗裂砂浆
（总厚度8~10mm）</td><td>面砖黏结砂浆
+
面砖
+
勾缝料</td></tr>
</table>

</td>
</tr>
<tr>
<td>保温装饰板外保温系统</td>
<td>

保温装饰板外保温系统基本构造

<table>
<tr><th rowspan="2">分类</th><th rowspan="2">构造示意图</th><th colspan="5">系统的基本构造</th></tr>
<tr><th>①基层墙体</th><th>②防水找平层</th><th>③黏结层</th><th>④保温装饰板</th><th>⑤安装缝</th></tr>
<tr><td>G型</td><td>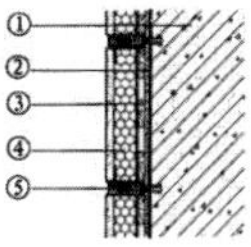</td><td>钢筋混凝土墙
各种砌体墙</td><td>1∶3水泥砂浆找平层</td><td>胶粉剂+锚栓</td><td>饰面层（涂料或薄石材）
+
衬板
+
保温层（EPS、XPS、PUR）
底衬（玻纤增强聚合物砂浆）</td><td>弹性背衬材料填充
+
硅酮密封胶或柔性勾缝腻子</td></tr>
</table>

</td>
</tr>
</table>

表7-6　夹心保温墙体

定义		将保温材料夹在两面墙体（内叶墙、外叶墙）之间形成的一种复合墙体
特点		优点：具有防水性，墙体的内外层具有保护保温材料的作用；对保温材料的防火要求不高，大部分材料均可使用；对季节性没有要求，也不受限制 缺点：内墙和外墙有连接件，冷热桥现象严重；抗震性差，保温材料的性能无法发挥；比一般墙体厚度厚，比较适合北方严寒地区保温使用
适用范围		适用于全国各气候区，抗震设防烈度 ≤ 8 度，低层和多层砌体结构的民用建筑
保温隔热材料		模塑聚苯板、挤塑聚苯板、硬泡聚氨酯、岩棉等
建造技术	混凝土小型空心砌块夹心保温墙	砌块的强度等级不应低于 MU10 190mm 厚砌块用于内叶墙，90mm 厚砌块用于外叶墙 小砌块夹心保温墙构造示意图
	复合保温砌块墙	砌块的强度等级不应低于 MU10 复合保温砌块墙构造示意图
	多孔砖夹心保温墙	烧结多孔砖强度等级不应低于 MU10 混凝土多孔砖强度等级不应低于 MU15 多孔砖夹心保温墙构造示意图

7.4.4 功能支持体系

（1）隔墙体系

隔墙体系涵盖传统和产业化两类建造技术数据，既包含传统的混凝土小型空心砌块内隔墙，也包含产业化轻钢龙骨组合墙体、预制轻钢龙骨内隔墙、轻质条板内隔墙、隔断等建造数据。以传统混凝土小型空心砌块内隔墙（表7-7）和产业化预制轻钢龙骨内隔墙（表7-8）为例展示。

表7-7 混凝土小型空心砌块内隔墙

定义	普通混凝土小型空心砌块和轻骨料混凝土小型空心砌块的总称，简称小砌块（或砌块）			
特点	优点：自重轻、热工性能好、抗震性能好、砌筑方便、墙面平整度好、施工效率高等 缺点：易产生收缩变形、易破损、不便砍削加工			

类型	产品	规格（mm）	强度等级
	普通混凝土小型空心砌块	390×190×190	MU20、MU15、MU10、MU7.5、MU5
	轻骨料混凝土小型空心砌块	390×190×190	MU15、MU10、MU7.5、MU5、MU3.5

技术性能	不同厚度墙体性能数据								
	名称	图示	表观密度（kg/m²）	面密度（kg/m²）	抗压强度（MPa）	隔声性能（dB）	耐火极限（min）	墙体高度（m）	单点吊挂力（kg）	墙体导热系数（W/m²K）
	单排90厚		≤800	≤72	≥2.5	30	61.8（1.03h）	3.0	>80	
	双排90厚		≤800	≤44	≥2.5	45	121.8（2.03h）	3.0	>80	1.54
	单排150厚		≤800	≤120	≥2.5	35	60（1.0h）	4.5	>80	

适用范围	不同厚度墙体适用范围	
		适用范围
	单排90墙	居住建筑、公共建筑的卫生间、厨房、起居室等部位的分室墙
	双排90墙	适用于居住建筑的分户墙
	单排150墙	适用于公共建筑分室、走道、壁柜、管井、卫生间等内隔墙

续表

技术性能	墙体厚度	90mm、150mm、180mm（2×90）三种
	隔墙高度	90mm 厚内隔墙，墙高 ≤ 3.0m
		150mm 厚内隔墙，墙高 ≤ 4.5m
施工流程		1. 绘制空心砌块排块图； 2. 在楼板面和两端墙面或柱面，放出墙体中心线和边线； 3. 干排第一皮、第二皮砌块； 4. 隔墙竖向钢筋与箍筋或膨胀螺栓点焊； 5. 水泥砌筑空心砌块； 6. 砌块内放置钢筋与竖向钢筋点焊，灌注轻骨料混凝土； 7. 梁、板底砌筑调整砌块，缝内用干硬性砂浆填实

表7-8　预制轻钢龙骨内隔墙

定义	预制轻钢龙骨内隔墙有两种：硅酸钙板与轻钢龙骨组合，硅酸钙板与轻钢龙骨及防火、隔声材料组合	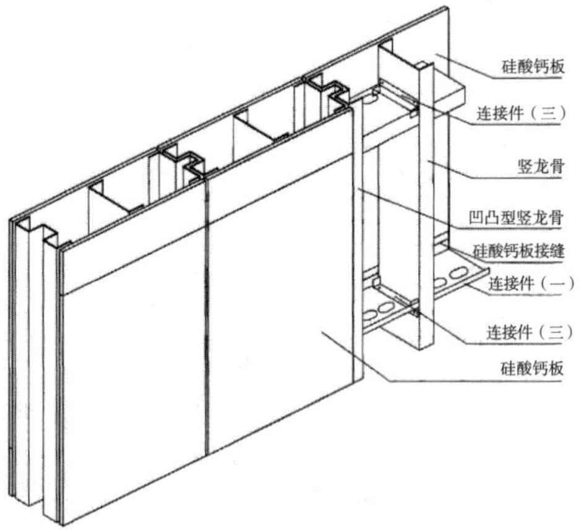
特点	重量轻、隔声、隔热、防火、防水、施工方便	
类型规格（mm）	长度：2440~6100 宽度：400、600、1220 厚度：76、80、100、150	
安装要求	预制墙板与主体结构连接采用柔性连接，与梁、板、柱接缝处增设钢板抗震卡固定	单层硅酸钙板隔墙轴测图
施工流程	清理结构面，弹出墙板顶面相应墨线，标出门窗洞口位置，安装墙板，板缝处理	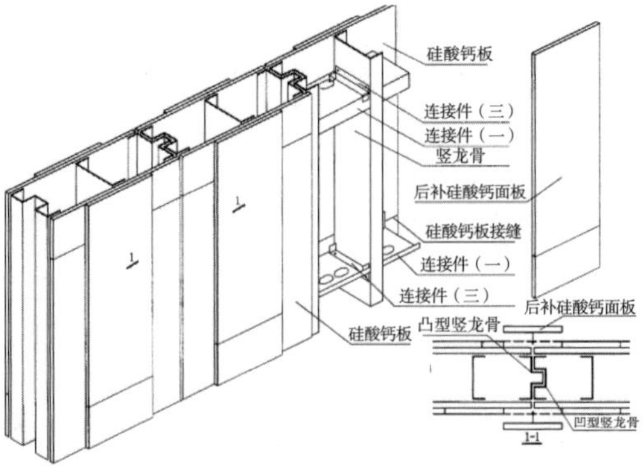 双层硅酸钙板隔墙轴测图

（2）管线体系

住宅管线体系主要是指建筑机电管线技术，涉及给水排水、暖通、电气等专业的管线安装，既包含传统的管线设置技术，也包含管线与土建结构脱离以及管线集成等产业化设置技术。以传统卫生间给水排水管线布置（表7-9）和产业化给水排水管线布置（表7-10）技术为例展示。

表7-9　卫生间给水排水管线

分类	方案	图示
A型卫生间	平面图	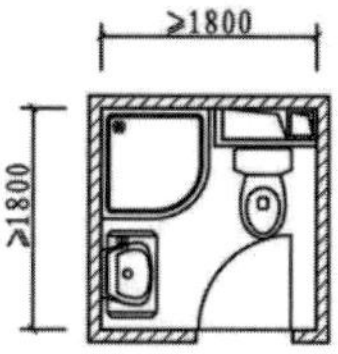 　A 型　暗卫生间净面积 ≥ 3.24m²
	枝状供水 + 电热水器	主要设备表
B型卫生间	平面图	B 型　明卫生间净面积 ≥ 4.32m²

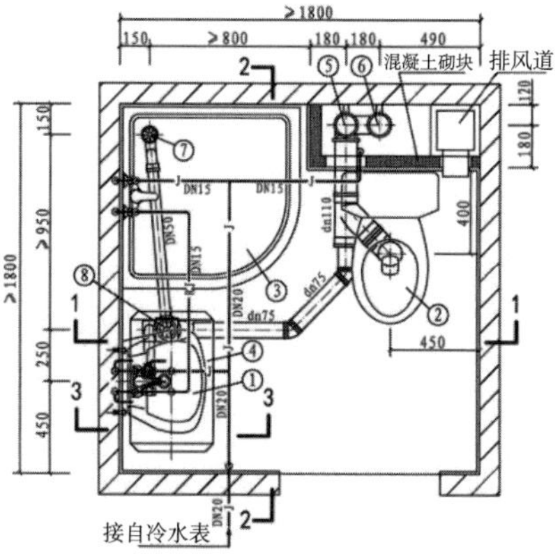

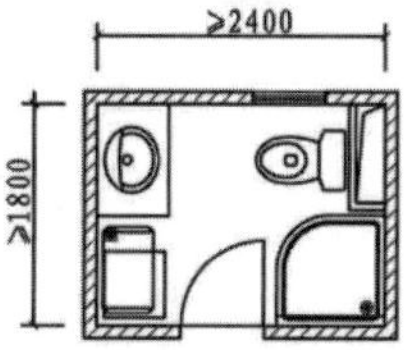

主要设备表

编号	名称	规格	单位	数量
1	单柄混合水嘴洗脸盆	挂墙式	套	1
2	坐式大便器	分体式下排水	套	1
3	单柄淋浴水嘴淋浴房	全钢化玻璃	套	1
4	卧挂储水式电热水器	按设计	套	1
5	污水立管	dn110	根	1
6	专用通气立管	按设计	根	1
7	直通式地漏	dn50	个	1
8	多通式地漏	dn50	个	1
9	存水弯	DN32、dn50	个	2
10	伸缩节	按设计	个	—
11	阻火圈	dn110	个	—

续表

分类	方案	图示
B 型 卫生间	枝状供水 + 电热水器	
	平面图	 C 型 明卫生间净面积 ≥ 4.32m²
C 型 卫生间	枝状供水 + 电热水器	

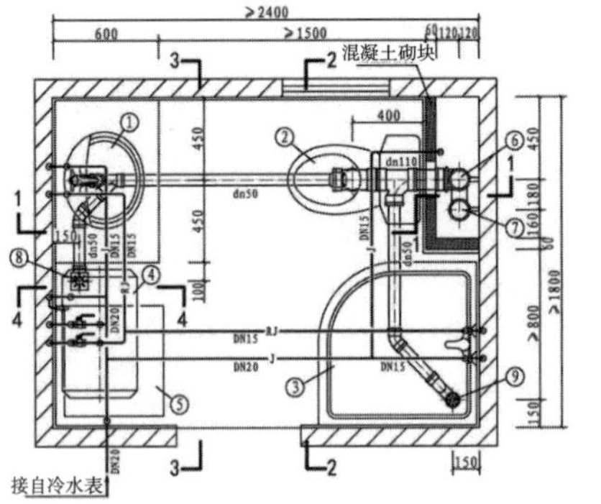

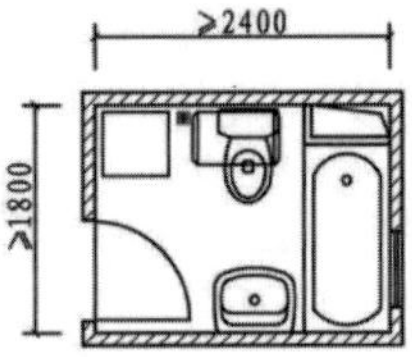

B型主要设备表

编号	名称	规格	单位	数量
1	单柄混合水嘴洗脸盆	台上式	套	1
2	坐式大便器	分体式下排水	套	1
3	单柄淋浴水嘴淋浴房	全钢化玻璃	套	1
4	卧挂储水式电热水器	按设计	套	1
5	全自动洗衣机	—	套	1
6	污水立管	dn110	根	1
7	专用通气立管	按设计	根	1
8	有水封地漏	dn50	个	1
9	直通式地漏	dn50	个	1
10	存水弯	DN32、dn50	个	2
11	伸缩节	按设计	个	—
12	阻火圈	dn110	个	—

C型主要设备表

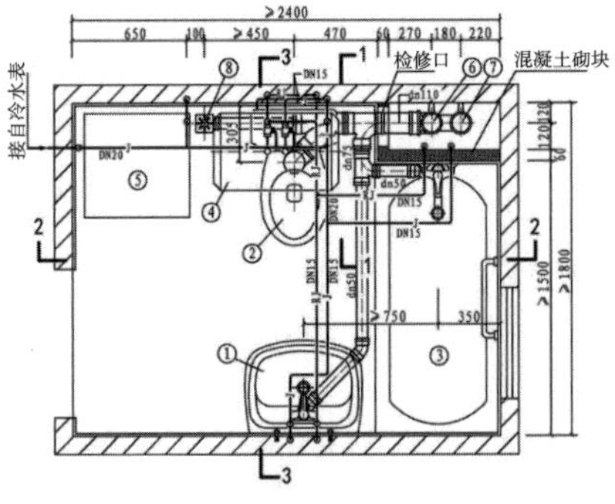

编号	名称	规格	单位	数量
1	单柄混合水嘴洗脸盆	挂墙式	套	1
2	坐式大便器	分体式下排水	套	1
3	单柄水嘴无裙边浴盆	铸铁或亚克力	套	1
4	卧挂储水式电热水器	按设计	套	1
5	全自动洗衣机	—	套	1
6	污水立管	dn110	根	1
7	专用通气立管	按设计	根	1
8	有水封地漏	dn50	个	1
9	存水弯	DN32、dn50	个	2
10	伸缩节	按设计	个	—
11	阻火圈	dn110	个	—

续表

分类	方案	图示

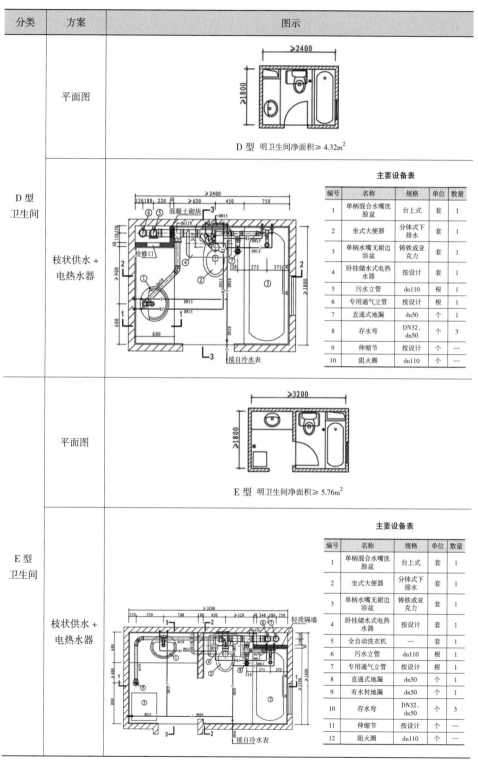

D 型卫生间 · 平面图

D 型　明卫生间净面积≥ 4.32m²

D 型卫生间 · 枝状供水 + 电热水器

主要设备表

编号	名称	规格	单位	数量
1	单柄混合水嘴洗脸盆	台上式	套	1
2	坐式大便器	分体式下排水	套	1
3	单柄水嘴无裙边浴盆	铸铁或亚克力	套	1
4	卧挂储水式电热水器	按设计	套	1
5	污水立管	dn110	根	1
6	专用通气立管	按设计	根	1
7	直通式地漏	dn50	个	1
8	存水弯	DN32、dn50	个	3
9	伸缩节	按设计	个	—
10	阻火圈	dn110	个	—

E 型卫生间 · 平面图

E 型　明卫生间净面积≥ 5.76m²

E 型卫生间 · 枝状供水 + 电热水器

主要设备表

编号	名称	规格	单位	数量
1	单柄混合水嘴洗脸盆	台上式	套	1
2	坐式大便器	分体式下排水	套	1
3	单柄水嘴无裙边浴盆	铸铁或亚克力	套	1
4	卧挂储水式电热水器	按设计	套	1
5	全自动洗衣机	—	套	1
6	污水立管	dn110	根	1
7	专用通气立管	按设计	根	1
8	直通式地漏	dn50	个	1
9	有水封地漏	dn50	个	1
10	存水弯	DN32、dn50	个	3
11	伸缩节	按设计	个	—
12	阻火圈	dn110	个	—

表7-10　产业化给水排水管线

适用范围	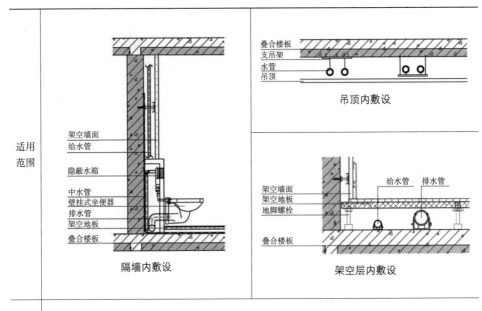
技术性能	1. 管道穿越预制墙体、楼板和预制梁的部位应预留孔洞或预埋套管； 2. 产业化住宅套内的给水排水管道宜敷设在墙体、吊顶或楼地面的架空层或空腔中，并应采取隔声减噪和防结露等措施 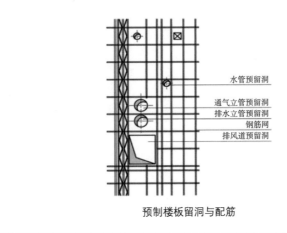

（3）部品体系

部品体系包含门窗、整体厨房、整体卫浴、成品楼梯、预制阳台板等建造数据，侧重于产业化建造技术数据。以整体卫浴（表7-11）和成品楼梯（表7-12）为例展示。

表7-11 整体卫浴

定义	由防水盘、壁板、顶板及支撑龙骨构成主体框架，并与各种洁具及功能配件组合而成的通过现场装配或整体吊装进行装配安装的独立卫生间模块	
基本规定	设计选型应遵循模数协调的原则，并应与结构系统、围护系统、设备与管线系统、内装系统进行一体化设计	

<table>
<tr><td rowspan="21">空间尺寸</td><td colspan="3" style="text-align:center">整体卫生间参考尺寸</td></tr>
<tr><td>长度（mm）</td><td>宽度（mm）</td><td>备注</td></tr>
<tr><td>1200</td><td>900</td><td rowspan="2">为便溺单元，设有便器</td></tr>
<tr><td>1400</td><td>900</td></tr>
<tr><td>1400</td><td>1200</td><td rowspan="2">为便溺、盥洗单元，设有便器、洗面器</td></tr>
<tr><td>1600</td><td>1400</td></tr>
<tr><td>1600</td><td>1200</td><td>为洗浴单元，设有浴盆</td></tr>
<tr><td>1800</td><td>1800</td><td rowspan="2">为洗浴单元，设有淋浴器、浴盆</td></tr>
<tr><td>2000</td><td>1600</td></tr>
<tr><td>2000</td><td>1600</td><td rowspan="3">为盥洗、洗浴单元，设有洗面器、浴盆</td></tr>
<tr><td>2100</td><td>1600</td></tr>
<tr><td>2400</td><td>1600</td></tr>
<tr><td>2400</td><td>1100</td><td rowspan="5">为便溺、盥洗、洗浴单元，设有便器、洗面器、淋浴器、浴盆</td></tr>
<tr><td>2000</td><td>1400</td></tr>
<tr><td>1800</td><td>1600</td></tr>
<tr><td>2400</td><td>1600</td></tr>
<tr><td>3200</td><td>1600</td></tr>
<tr><td>2800</td><td>2400</td><td rowspan="2">为便溺、盥洗、洗浴、洗衣单元，设有便器、洗面器、淋浴器、浴盆、洗衣机位</td></tr>
<tr><td>3800</td><td>2000</td></tr>
<tr><td>2400</td><td>1600</td><td rowspan="4">无障碍卫生间。为便溺、盥洗、洗浴单元，设有便器、洗面器、淋浴器（或）浴盆</td></tr>
<tr><td>2400</td><td>1800</td></tr>
<tr><td>2600</td><td>1600</td></tr>
<tr><td>2600</td><td>1800</td></tr>
</table>

布置图		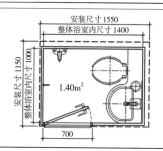

布置图

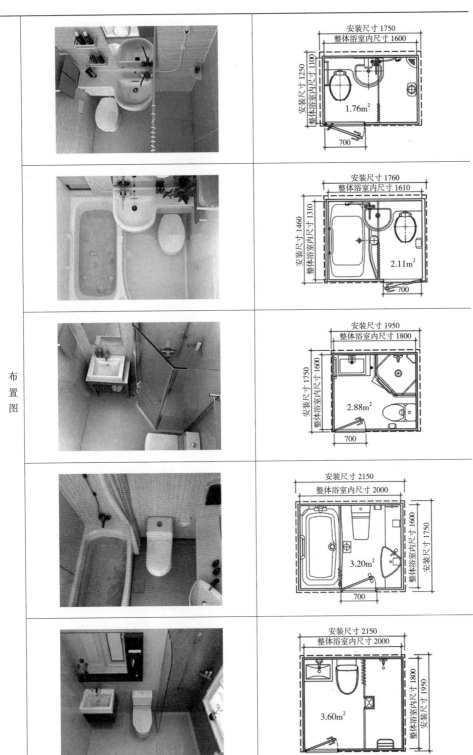

续表

建筑设计	1. 整体卫生间的尺寸选型应与建筑空间尺寸协调； 2. 整体卫生间壁板与其外围合墙体之间应预留安装尺寸； 3. 当采用降板方式时，整体卫生间防水盘与其安装结构面之间应预留安装尺寸； 4. 整体卫生间顶板与卫生间顶部结构最低点的间距不宜小于 250mm； 5. 整体卫生间外围护墙体窗洞口的开设位置应满足卫生间内部空间布局的要求，窗垛尺寸不宜小于 150mm
设备设计	1. 卫生间管道管线应与卫生间结构、部品进行协同设计。竖向管线应相对集中布置、定位合理，横向管线位置应避免交叉； 2. 当卫生间设备管线穿越主体结构时，应与内装、结构、设备专业协调，孔洞定位预留准确； 3. 根据所采用整体卫生间的管道连接要求进行给水、排水管道预留； 4. 整体卫生间内供暖通风设备应预留孔洞，安装设备的壁板和顶板处应采取加强措施； 5. 整体卫生间的配电线路应穿导管保护，并应敷设在整体卫生间的壁板和顶板外侧，且宜选用加强绝缘的铜芯电线或电缆
施工安装	1. 按设计要求确定防水盘标高； 2. 安装防水盘，连接排水管； 3. 安装壁板，连接管线； 4. 安装顶板，连接电气设备； 5. 安装门、窗套等收口； 6. 安装内部洁具及功能配件； 7. 清洁、自检、报验和成品保护

表7-12　成品楼梯

定义	使用预制成套构件，用于住宅居住空间的现场安装的楼梯
基本规定	1. 楼梯梯段净宽不应小于 1.10m，为不超过 6 层的住宅，一边设有栏杆的梯段净宽不应小于 1.00m； 2. 住宅公共楼梯踏步宽度不应小于 0.26m，踏步高度不应大于 0.175m；套内楼梯踏步宽度不应小于 0.22m，踏步高度不应大于 0.20m； 3. 楼梯平台净宽不应小于楼梯梯段净宽，且不得小于 1.20m； 4. 楼梯平台的结构下缘至人行通道的垂直高度不应低于 2.00m； 5. 楼梯井净宽大于 0.11m 时，必须采取防止儿童攀滑的措施
分类	混凝土楼梯：在工厂制作的两个平台之间若干连续踏步或若干连续踏步和平板组合的混凝土构件，简称预制楼梯，包括板式楼梯和梁板式楼梯 木制楼梯：主要受力构件为木材的楼梯

续表

分类	金属楼梯：主要受力构件为金属的楼梯	
	金属—木制组合楼梯：主要受力构件为金属和木材组合而成的楼梯	

住宅建筑中疏散用板式楼梯常用规格

层高 （mm）	H （mm）	L （mm）	B （mm）	踏步数 （个）	b_s （mm）	l_n （mm）	l_d （mm）	l_g （mm）
2800	1400	≥ 2620	1200	8	260	1820	≥ 400	≥ 400
	2800	≥ 4900	1200	16	260	3900	≥ 500	≥ 500
2900	1450	≥ 2880	1200	9	260	2080	≥ 400	≥ 400
	2900	≥ 5160	1200	17	260	4160	≥ 500	≥ 500
3000	1500	≥ 2880	1200	9	260	2080	≥ 400	≥ 400
	3000	≥ 5420	1200	18	260	4420	≥ 500	≥ 500

注：踏步高度 h_s 取 H/踏步数

楼梯结构性能

项目	技术指标	
	组装式楼梯	装饰式楼梯
栏杆刚性	试验后无松动或破坏，最大变形不大于30mm，残余变形不大于5mm	
护栏抗水平荷载性能	试验后无松动或破坏，最大水平位移不大于30mm，残余变形不大于2mm	
楼梯抗集中荷载性能	试验后各部位无松动或破坏，最大变形不大于5mm，残余变形不大于2mm	试验后各部位无松动或破坏
楼梯抗分散荷载性能	试验后各部位无松动或破坏，最大变形不大于5mm，残余变形不大于2mm	试验后各部位无松动或破坏
楼梯抗软重物体撞击性能	试验后各部位无松动或破坏，残余变形不大于10mm	

结构性能

续表

施工安装	1. 预制装配式构件安装尺寸误差应控制在标高不大于 ±3.000mm，平面尺寸不大于 ±3.000mm 范围内； 2. 现浇结合部位及预留钢筋偏差范围在标高不大于 ±5.000mm，平面尺寸不大于 ±10.000mm 以内； 3. 应使用安全防护吊梁以确保垂直承受能力； 4. 安装流程：构件检查→构件起吊→构件就位→调整精度→吊具拆除； 5. 预制装配挑梁板应在结构受力需求强度下进行拆除支撑； 6. 结合部位应使用符合楼梯结构强度等级或更高强度等级的微膨胀混凝土或砂浆； 7. 施工过程要注意成品保护，防止对周边的污染； 8. 结合部位达到受力要求前，楼梯禁止使用

7.5　咨询服务平台

7.5.1　主页

（1）注册及登录

用户可以进行账号注册及登录，账号分为管理员权限和普通权限两类。两类用户的上传、查看、编辑权限不同，普通权限的用户仅可以通过检索功能查看数据库内容，管理员权限的账号则可以进入后台，对数据库的内容进行编辑。用户注册时输入用户名和密码，用户名可选汉字、字母或数字；密码设置不少于6位，点击注册即可注册成功（图7-7）。

图7-7　注册及登录界面

（2）主页

咨询服务平台主页包含检索、建造技术、设计案例、技术更新、产品推荐等信息，数据库包含体系库、案例库和信息库，用于各类数据录入和编辑，系统设置包含用户权限、技术属性和个人中心（图7-8）。

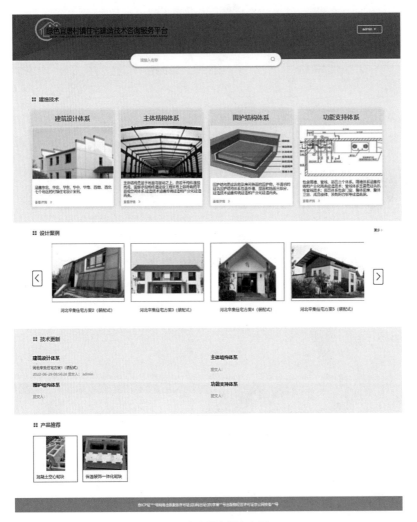

图7-8　咨询服务平台主页

（3）各体系数据列表

此页面分为四大板块，建筑设计体系、主体结构体系、围护结构体系、功能支持体系，分别对应后台的案例库、体系库和建材库。用户可选择登录或者不登录直接查看数据列表的内容及详情。操作"下载"以及"分享"，"下载"可下载项目文件，"分享"可直接复制详情页链接分享给他人进行共享查看（图7-9）。

图7-9　各体系数据列表界面

（4）各体系库详情页

从各体系数据列表点击进入该体系下该内容的详情页，可查看该体系具体详情内容，以便更加方便地了解具体信息（图7-10）。

图7-10　各体系库详情页界面

7.5.2　数据库

数据库分为体系库和案例库，体系库包含4个建筑体系50多项建造数据，案例库包含6个装配式住宅的建造数据，随着建造技术的发展，相关的数据资料及案例会不断地进行补充和更新。

（1）体系库

体系库数据是根据体系分类进行统计的。页面包含序号、体系名称、体系下属名称以及操作4个类别。体系名称就是4个体系，体系下属名称就是每个体系构架下传统和产业化两类建造技术数据（图7-11）。

图7-11　体系库列表界面

管理员可以通过点击操作栏的修改图标，对当前条目包括体系名称、体系下属名称以及体系下属介绍内容进行查看、新增、修改和删除操作。普通用户无法直接看到和编辑体系库中的内容，只能通过检索功能查看数据库内容。建筑企业、开发单位、施工单位或团体可将成品住宅服务、建筑建造施工技术、建材管线产品资料、运输安装施工服务等技术数据信息委托管理员进行审核并录入体系库进行发布（图7-12、图7-13）。

（2）案例库

案例库的数据为村镇住宅建造的实际案例汇总，包含案例名称、作者、案例发布时间以及操作。对具体案例的效果图、技术经济指标、建筑设计概况、建造技术以及建筑造价等数据资料通过列表进行展示（图7-14、图7-15）。

图7-12　体系条目详情界面

图7-13　体系条目新增界面

图7-14　案例库列表界面

图7-15　案例库新增案例界面

同体系库一致，只有管理员可进行查看、新增、修改、删除等操作。管理员可添加新的住宅设计案例，包含标题、建筑设计概况、主体结构、围护结构、隔墙、管线、部品体系等建造数据资料。上传的支持文件、文件格式和大小无限制，如图片、文档、pdf等。

7.5.3　系统设置

（1）用户设置

在该页面，管理员可以新增、修改、删除用户信息，还能对用户权限进行修改（图7-16）。

图7-16　用户设置界面

点击左上角新增按钮，可以新建用户，包括用户名（不少于6位）、密码（不少于6位）以及权限。权限包括管理员和普通用户两种（图7-17）。

图7-17　新增用户界面

点击右侧的查看图标，可以查看单个用户名及其对应的权限详情（图7-18）。

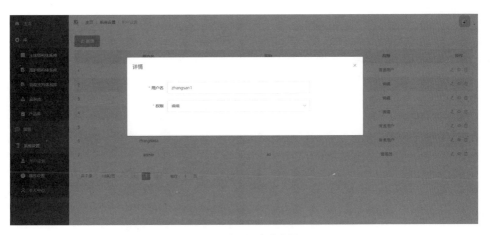

图7-18　查看用户信息界面

点击右侧操作下的编辑或删除图标，可以对用户的名称、密码做相应修改，或对整条用户进行删除操作（图7-19）。

图7-19　修改用户信息界面

（2）属性设置

在该页面，管理员可以对当前的数据库属性进行新增、修改和删除等操作。当前已有定义、适用范围、结构材料、结构选型、建造技术和保温隔热材料6个属性类别（图7-20）。

图7-20　属性设置列表界面

点击左上角新增按钮，可以新增属性名称（图7-21）。

点击右侧的查看图标，可以查看单个属性详情（图7-22）。

点击右侧操作下的编辑或删除图标，可以对属性名称做相应修改，或对整条属性进行删除操作（图7-23、图7-24）。

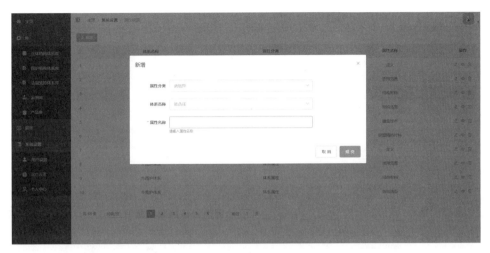

图7-21　新增属性界面

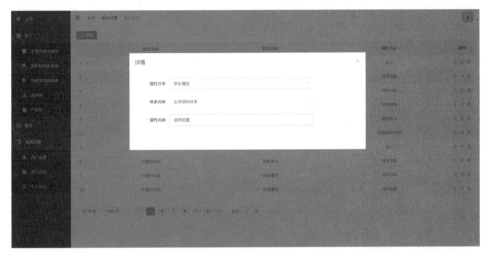

图7-22　属性详情界面

图7-23　修改属性界面

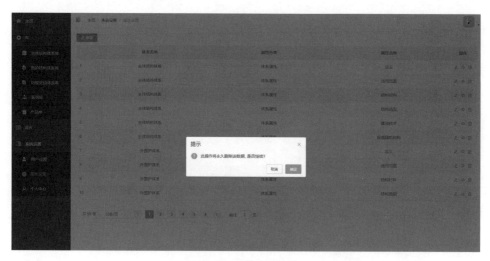

图7-24　删除属性界面

第 8 章

绿色宜居村镇住宅设计与建造实践

8.1 北京顺义张喜庄农房建造

本项目位于北京市顺义区张喜庄，原址为一栋年久失修的农宅（图8-1）。

图 8-1 住宅旧貌

原住宅结构为砖木结构，外墙为实心黏土红砖和青砖，屋面为木框架坡瓦屋面，门窗为木质门窗。由于房屋部分屋面已经坍塌，主要的承重结构墙体和柱子已出现倾斜，房主决定将房屋拆除并在原址重建。经过课题组与房主的沟通协商，新建住宅采用装配式进行建造，住宅采用技术清单见表8-1。

表8-1 建造技术清单

技术体系	
结构	装配式预制混凝土结构
屋面	现浇混凝土屋面
外墙	预制保温夹芯墙板
隔墙	石膏板墙体
楼板	现浇混凝土楼板
门窗	三玻两腔双银 LOW-E 铝包木门窗

　　新建住宅为二层住宅，首层建筑面积为86.8m^2，总建筑面积为173.6m^2，无地下室，屋面为现浇混凝土平屋面（图8-2、图8-3）。

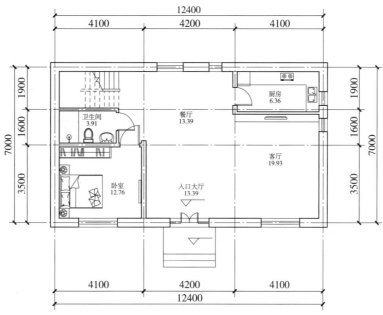

图8-2　住宅首层平面图

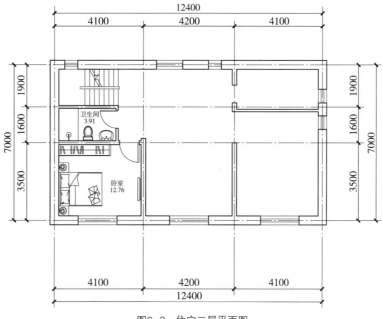

图8-3　住宅二层平面图

结构体系：本项目采用装配式预制混凝土结构，在工厂预制夹芯墙板，运输吊装至场地干式连接而成（图8-4~图8-9）。

图8-4　预制加气混凝土墙板

图8-5　预制条板吊装

图8-6　墙板安装（一）

图8-7　墙板安装（二）

图8-8　东南侧立面

图8-9　西立面

墙体体系：本项目非承重的外围护墙采用400mm厚预制夹芯墙板（100mm预制板+200mm保温层+100mm预制板），中间保温层为挤塑聚苯板。内部隔墙采用100mm、200mm轻钢龙骨石膏板墙体。

楼板体系：建筑楼板采用现浇混凝土，楼板厚度为120mm，现浇楼板的整体性和抗震性能较好（图8-10）。

图8-10　现浇混凝土楼板

屋面体系：屋面为现浇混凝土板，屋面采用倒置铺装方式，结构板上铺设120mm厚挤塑聚苯板保温层和50mm厚聚苯颗粒混凝土垫层，防水层采用SBS改性沥青防水卷材（图8-11、图8-12）。

20 厚憎水膨珠砂浆

4 厚热熔型带细砂面聚乙烯胎 SBS 改性沥青防水卷材

15 厚 DS 砂浆找平层

最薄处 50 厚聚苯颗粒混凝土垫层，找坡 2%

120 厚 B1 级挤塑聚苯板保温层

DS 砂浆填堵预制楼板缝，板缝上铺 200 宽聚酯布，涂刷防水涂料两遍

结构板

图8-11　屋面防水做法

图8-12　现浇混凝土屋面

建筑门窗选用高性能的三玻两腔双银LOW-E铝包木被动门窗，门窗的传热系数可达到2.0W/（m²·K）及以下，具有良好的气密性、水密性、断热性以及抗风压性能。住宅运行期间，室内温度相对稳定，舒适性较好，并且建筑节能优势明显，适用于严寒和寒冷地区（图8-13、图8-14）。

图8-13　三玻两腔断桥铝门窗　　　　图8-14　三玻两腔双银
LOW-E铝包木被动门窗

住宅主体结构造价见表8-2。

表8-2　造价表

项目	数量	价格
基础	45.5m³	2.28 万元
墙板	88.1m³	4.94 万元
屋面	21m³	2.45 万元
楼板	42.9m³	4.38 万元
门窗	31.72m²	7.68 万元
吊装	—	1.42 万元
人工	—	10.48 万元
汇总		33.63 万元

8.2　河北雪龙产业化基地装配式住宅1号建造

1号示范住宅是独栋二层住宅，首层建筑面积为144m²，总建筑面积为288m²，无地下室，双坡屋面（图8-15~图8-17）。

图8-15　效果图

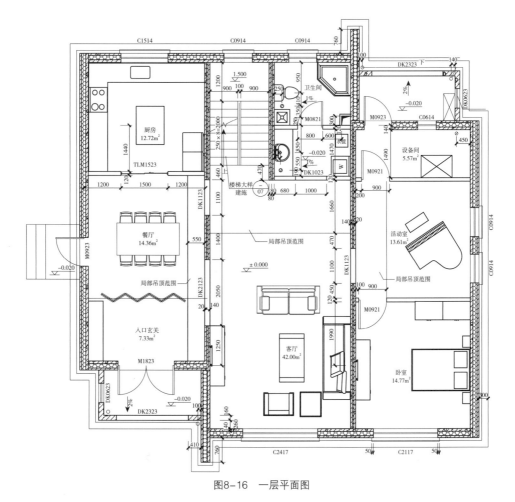

图8-16　一层平面图

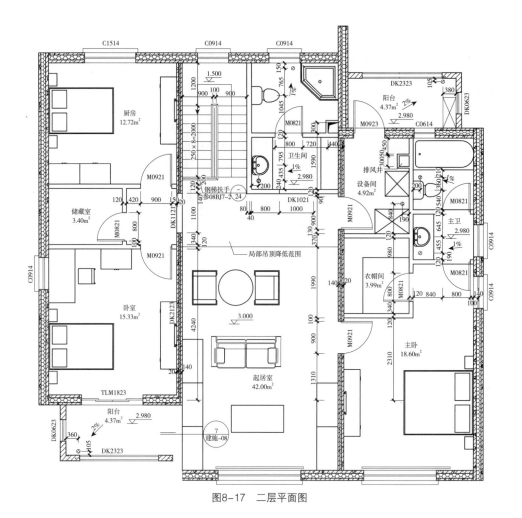

图8-17　二层平面图

　　1号住宅设计采用装配式建造模式，建筑平面采用中心对称设计（图8-18），使建筑构件尽量采用相同规格，减少外墙构件尺寸种类。

　　本项目的建造技术清单见表8-3。

表8-3　建造技术清单

部位	应用技术体系
结构	全装配式预制混凝土结构
屋面	轻钢檩条＋保温承压板
外墙	预制保温夹芯墙板
隔墙	预制夹芯墙板
楼板	预应力空心板
门窗	断桥铝门窗

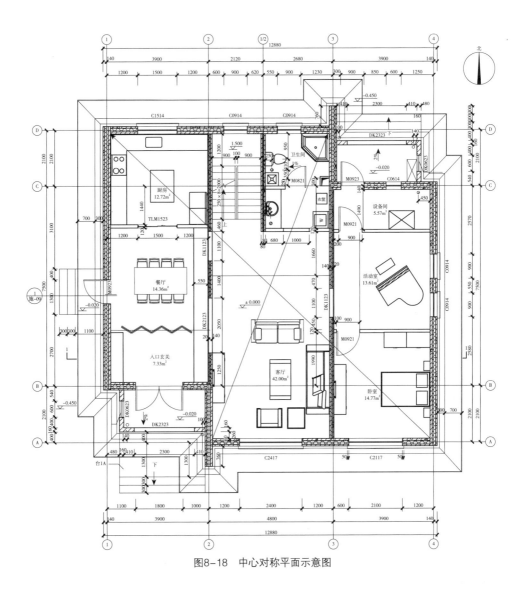

图8-18　中心对称平面示意图

结构体系：本项目采用全装配式预制混凝土结构，在工厂预制夹芯墙板、空心楼板等，通过运输吊装至场地干式连接而成。

墙体体系：本项目采用预制夹芯墙板，墙板由中间保温层及两侧混凝土层组成。外墙总厚度为280mm，两侧混凝土板厚度分别为80mm、60mm，中间保温层厚140mm。内部隔墙厚度为160mm，两侧混凝土板厚度分别为60mm，中间保温层厚度为40mm（图8-19）。

混凝土强度等级为C30，保温层采用模塑聚苯乙烯泡沫塑料板。两侧混凝土墙板内配备双向钢丝网，内外叶混凝土板采用钢筋桁架或其他可靠的连接构造（图 8-20、图8-21）。

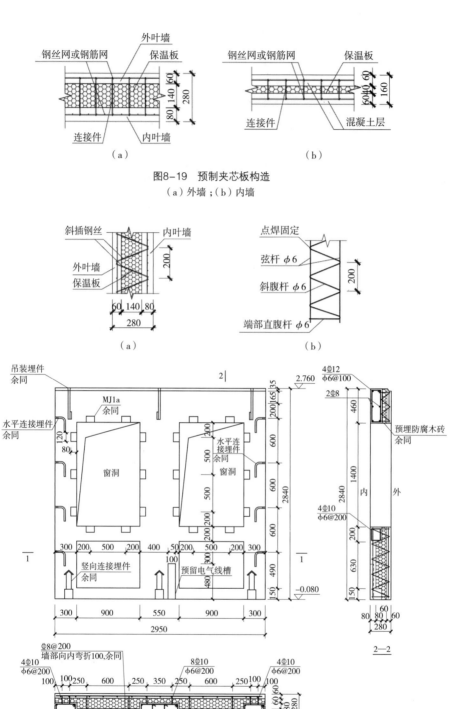

图8-19　预制夹芯板构造

（a）外墙；（b）内墙

图8-20　墙板两侧混凝土层连接构造

（a）外墙竖向剖面；（b）钢筋桁架；（c）墙板详图

图8-21　预制墙板

墙板连接采用低屈服钢螺栓连接，沿墙板高度均匀设置在墙端暗柱上。相邻两块墙板中一块需预埋连接套筒，另一块预埋连接件、预留安装孔。当两块墙板吊装就位后，将螺栓伸入另一块墙板的预埋套筒中并拧紧。连接完成后采用砂浆填充安装孔。为保证两块预制墙板竖向接缝的防水和抗裂性能，接缝处墙体端部设置竖向通长凹槽（图8-22）。

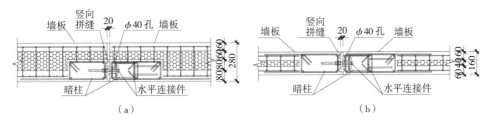

图8-22　墙板连接
（a）外墙水平连接；（b）内墙水平连接

墙体全部在工厂预制、施工现场装配，可加快施工速度，减轻环境污染和材料浪费问题，充分发挥了装配式结构的优势。外墙采用保温夹心墙板，实现保温结构一体化，其保温和防水性能好，同时水平连接采用低屈服钢螺栓连接，其变形能力强，有利于消耗地震能量，避免墙体出现严重破坏。墙体所有连接为干式施工，避免了现场灌浆、焊接、后浇混凝土等复杂、烦琐作业，安装方法简便易懂，容易推广。安装孔采用较低强度砂浆填充，连接装置可拆卸、更换，降低维修成本。

楼板体系：建筑楼板采用技术成熟的SP预应力空心板，板型包括厚度为120mm的SP12D和叠合层厚50mm、总厚150mm的SPD10D（图8-23）。

图8-23 预应力空心板

SP板生产工艺相对成熟、质量可靠，可连续大批量生产。由于SP板无胡子筋，方便运输和吊装，可通过设置叠合层，加强板的整体性及防水性能。

屋面体系：屋面采用保温承压板，中间保温层厚120mm，保温层采用模塑聚苯乙烯泡沫塑料板。保温层两侧各有25mm的面层，面层采用轻质无机材料，面层内配置双向钢丝网，两侧面层之间采用斜插钢丝连接。保温承压板顶面设置凹槽，预留镀锌钢丝，用于固定铺设于板上的屋面材料（图8-24、图8-25）。

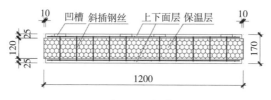

图8-24 保温承压板截面构造

图8-25 保温承压板

保温承压板可实现工厂化生产，所采用的钢丝网架夹芯板自动化生产效率高，板材自重较小，保温隔热性能好。

住宅主体结构造价见表8-4。

表8-4 造价表

项目	数量	价格
基础	152.97m²	1.22万元
墙板	83.63m³	23.37万元

项目	数量	价格
屋面	147.55m²	2.96 万元
楼板、楼梯	8.06m³	2.71 万元
门窗	33.61m²	1.68 万元
吊装	—	1.20 万元
人工	—	2.58 万元
汇总		35.72 万元

8.3　河北雪龙产业化基地装配式住宅5号建造

5号示范住宅是联排二层住宅，各自有独立的出入口，总建筑面积325m²，每栋约163m²。地上两层，无地下室，为双坡屋顶（图8-26）。

图8-26　效果图

本方案设计以标准化、模数化、集成化及多样化为设计原则，平面规整，开间、进深模数化，有利于产业化的实施。每套小住宅开间约8.1m，进深约10m，层高3m，标准化模块设计，四室三厅二卫，总建筑面积约163m^2（图8-27、图8-28）。建筑平面简洁规整，尽可能设计为大开间、大进深，具有一定的空间划分灵活性，为今后的空间变化、设备改造留有余地。

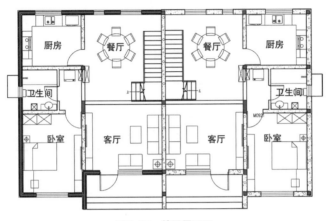

图8-27 首层平面图

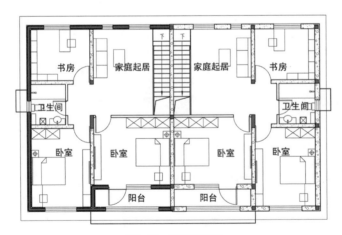

图8-28 二层平面图

本项目的建造技术清单见表8-5。

表8-5 建造技术清单

部位	应用技术体系
结构	预制轻混凝土承重凹槽大板体系
屋面	轻钢檩条＋保温承压板

续表

部位	应用技术体系
外墙	预制承重凹槽墙板、EPS 模块复合墙
隔墙	预制承重凹槽墙板
楼板	预应力空心板
门窗	三玻 60 系列 PVC 塑料窗（5+9A+5+9A+5）

结构体系：承重凹槽墙板结构是以由轻混凝土预制而成的带凹槽的墙板作为主要承重构件，并通过设置现浇圈梁和构造柱，将墙板、楼板、屋面板等构件连接为整体而形成的一种新型装配式结构。

墙体体系：本项目两栋拼接的住宅外墙采用两种墙体，右侧单元外墙采用270mm厚预制承重凹槽墙板，左侧单元外墙为250mm EPS模块现浇混凝土复合墙体，其中中间混凝土剪力墙厚130mm，两侧EPS各60mm厚。内墙全部采用200mm预制承重凹槽墙板，仅局部采用了轻质条板（图8-29、图8-30）。

预制承重凹槽墙板可制成带门窗洞口的大板形式，采用强度等级不低于LC15，容重不大于12kN/m³的轻混凝土制作而成。外墙板厚270mm，内墙板厚200mm，墙板配置双层双向钢筋，墙板顶部设置凹槽，兼作现浇圈梁的模板，墙板两侧设置马牙槎并甩出水平钢筋（图8-31~图8-33）。

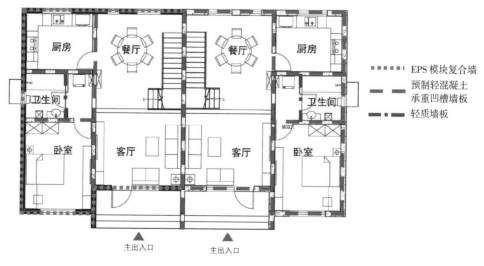

图8-29　首层墙体布置示意图

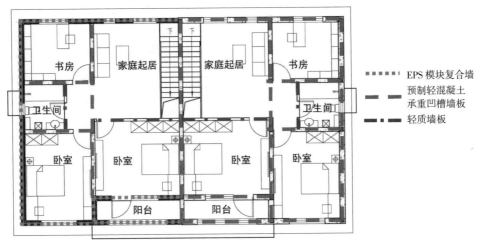

图8-30　二层墙体布置示意图

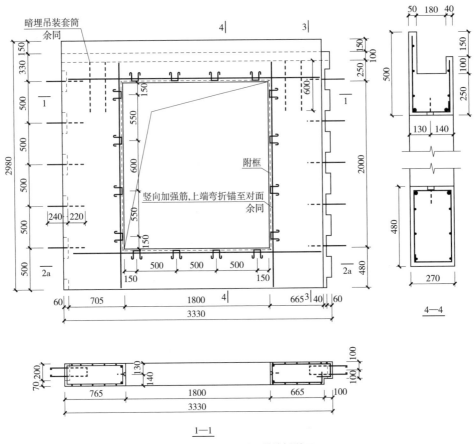

图8-31　预制承重凹槽墙板详图

图8-32 承重凹槽墙板

图8-33 承重凹槽墙板现场安装

上下层竖向连接设置在楼层处，墙板应在本层构造柱和圈梁浇筑前安装就位。安装时，应在墙板底部与下部结构的接触面上采用水泥砂浆坐浆，再通过现浇构造柱实现上下层连接。

EPS模块复合墙由带空腔的EPS模块和现浇混凝土组成，墙体总厚250mm，墙体中间配置单层双向钢筋（图8-34~图8-36）。

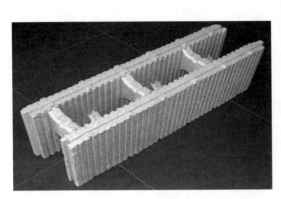

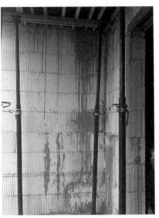

图8-34 EPS模块   图8-35 EPS模块复合墙体

图8-36 单层双向钢筋

EPS模块四周留有插接企口、内外表面留有燕尾槽，模块拼接可以相互咬合，可实现墙体面无缝拼接，避免混凝土浇筑的跑浆，保证了混凝土墙体的整体性和强度。EPS模块复合墙体实现保温模板一体化、保温结构一体化，极大地减少了现场的模板和保温工程量，而且EPS模块标准化程度高，工厂生产效率高，现场施工方便，对机械设备要求较低。

楼板体系：采用技术成熟的SP预应力空心板，板型为厚120mm的SP12D。

其特点和优势如下：

（1）SP板生产工艺成熟，质量可靠，可连续大批量生产。

（2）SP板不甩胡子筋，方便运输、吊装，连接构造简单（图8-37）。

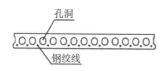

图8-37　SP板截面图

屋面体系：屋面采用保温承压板，其由120mm厚的中间保温层和各25mm厚的上下面层组成。面层采用轻质无机材料，强度等级不低于10MPa，容重不大于10kN/m³。保温层采用模塑聚苯乙烯泡沫塑料板。面层内配置双向ϕb4@100钢丝网，上下面层采用斜插钢丝ϕb3连接，斜插钢丝沿长度方向按间距200mm交错布置，沿宽度方向间距为100mm。

本项目屋面采用0.5~0.6mm厚仿水泥瓦外形的深灰色涂层钢板瓦，深灰色涂层钢板瓦可根据工程需要二连轧、三连轧，水平方向搭接。钢板瓦自重轻、色泽丰富，具备良好的防水、防火性能，安装便捷与快速，对于不同地区、环境及不同功能要求的建筑有较强的适应性（图8-38）。

图8-38　深灰色涂层钢板屋面瓦

住宅主体结构造价见表8-6。

表8-6　造价表

项目	数量	价格
基础	322.14m²	6.44万元
墙板	87.78m³	24.85万元
屋面	168.25m²	3.37万元
楼板、楼梯	217.56m²	7.17万元
门窗	57.29m²	2.86万元
吊装	—	0.84万元
人工	—	4.13万元
汇总		49.66万元

8.4 绿色宜居村镇住宅设计竞赛优秀作品精选

绿色宜居村镇住宅设计竞赛优秀作品如图8-39~图8-41所示。

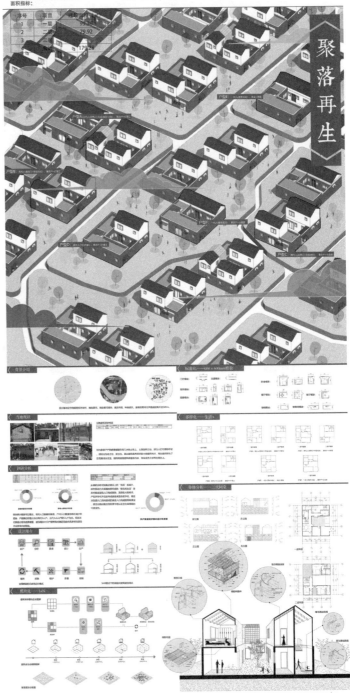

图8-39 作品1

2019THAD 装配式乡村住宅建筑设计竞赛获奖作品展

作品信息：

作品名称：乐居长屋
设计师：杨楠　吴娇南　董超
建筑特色：现代建筑
面积指标：

序号	项目	建筑面积（㎡）
1	一层	120.68
2	二层	78.40
3	三层	无
4	合计	199.08

构思说明：

　　乐居村有 600 多年的建村历史，是保存最好、数量最大、最具原生态的彝族"一颗印"的民居建筑群落。设计前分析了原有乐居村场地环境、建筑材料结构体系、空间形态、建筑设备系统和设计建造智慧等建筑要素，以更新迭代和可适性的角度为出发点，探索能满足"既保留传统又具备现代的适用性""既环保又节能的绿色低碳性""既经济又有收入的开放性"等要求的乡土建筑创新设计策略。

　　本案选取乐居村村口狭长的三角坡地，试图通过采用不同的现代建造技术（预制装配式钢结构，抗震夯土墙）与绿色低技节能技术，结合现代工业化制造和传统材料在地建造的方式，在满足现代人的居住、生活使用并延续传统彝族民居的风貌同时，探索适合当代乡土建筑的设计、建造方法，并设计"保留了特色"实现了环保"增加了收入"的新型示范项目，希望为类似乐居村的乡村改造建设提供新的思路。

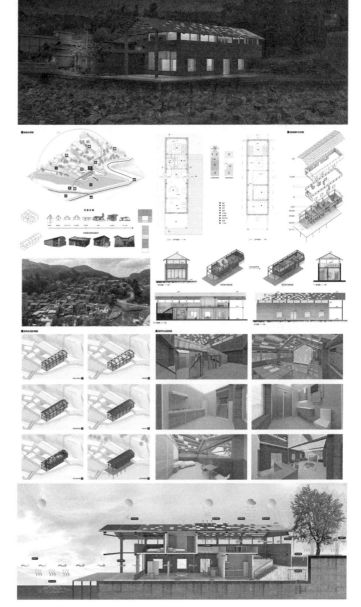

图8-40　作品2

清华大学建筑设计研究院有限公司
ARCHITECTURAL DESIGN & RESEARCH INSTITUTE
OF TSINGHUA UNIVERSITY CO., LTD.

中清大 科技股份有限公司
ZHONGQINGDA SCIENCE & TECHNOLOGY CO.,LTD.

2019THAD 装配式乡村住宅
建筑设计竞赛获奖作品展

作品信息：

作品名称：我家那院子

设计师：吴迪、刘鹏举、龙心悦

建筑特色：长江中下游乡村住宅

面积指标：

序号	项目	建筑面积（m²）
1	一层	115.47
2	二层	103.95
3	合计	219.43

构思说明：

本竞赛作品为装配式混凝土建筑，为长江中下游农村地区提供了一种可改造式方案。在满足使用功能的基础上考虑装配式建筑建造的政策要求，遵循"少规格、多组合"的原则，建立标准化功能模块与空间模块，基本模块类型为3.6m×4.2m，实现模块多组合应用。

对于普通家庭可建造一层：两室两厅两卫，屋内自带庭院，适老化设计，无障碍设施，满足基本居住需求。对于有一定经济条件的家庭建造两层：首层一室一卫两厅，楼梯间下沉丰富储物空间，车辆直接入库，实现人车分流；二层三室两卫，主卧宽敞明亮带通体阳台并配有衣帽间，次卧享有独立卫生间和270°观景舞台，书房安静宽敞，打造舒适中式人居空间。

本方案积极探索长江中下游地区建筑传统与现代、继承与发展的关系，既注重农房单体的个性特色，更注重村居整体的错落有致。综合考虑农村住宅结构安全性和经济承受能力等，因地制宜推广现代建造方式，探索装配式技术在农村住宅的适用性。采用保温结构一体化，满足耐久性要求。把握乡村振兴要求和城乡一体化发展趋势，尊重农村生产生活活演变规律，适应农民对品质生活的追求，合理设计农房居住空间、储物空间等需求，探索具有地方特色的新时代民居范式。

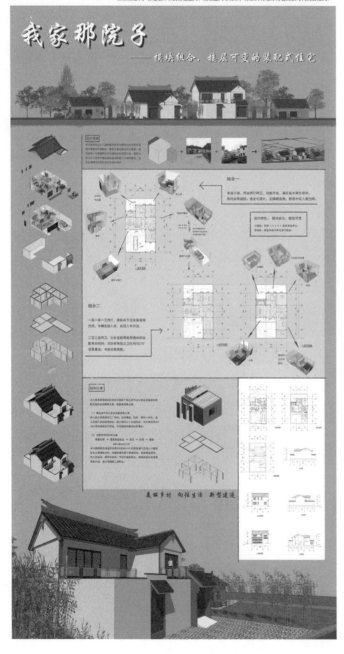

图8-41 作品3

第 9 章

结　语

本书围绕系统构建绿色宜居村镇住宅建造技术体系的总体目标，通过搭建"绿色宜居指数"评价模型，初步构建覆盖全国典型气候区和经济发展水平的"谱系化"设计建造技术清单，确立了绿色宜居村镇住宅标准体系，并利用移动互联网平台与数据库技术，搭建了具有即时沟通和智慧互联特征的数字化绿色宜居村镇住宅建造技术咨询服务系统，取得了重要的技术成果。具体而言，通过"十三五"国家重点研发计划的支持，本书所展示的相关研究成果主要解决了如下问题：

（1）"'绿色宜居指数'评价模型"技术成果解决了村镇住宅建造技术发展战略导向不清、遴选机理不明等问题。

（2）"绿色宜居村镇住宅谱系化建造技术清单"技术成果解决了村镇住宅建造中绿色低碳技术选择无序、新技术地方水土不服、产业发展方向不明等问题。

（3）"绿色宜居村镇住宅通用标准和专用标准体系"技术成果解决了我国村镇住宅建造技术体系不健全、建造标准不完善、安全健康性能不可控等问题。

（4）"绿色宜居村镇住宅建造技术咨询服务系统"技术成果解决了新技术信息有效供给不足、技术支持贴身服务困难、地方决策缺乏全局性支撑等问题。

相关成果的社会经济效益包括：

（1）构建产业化导向下的绿色宜居住宅建造技术体系，对我国村镇住宅建造的各项新技术及改良技术进行系统梳理，能够为我国绿色宜居村镇住宅设计建造的未来发展方向与路径作出参考与指引。

（2）绿色宜居村镇住宅建造技术标准体系的构建，有助于规范并带动农村住宅建造相关的产业化升级。

（3）绿色宜居村镇住宅建造技术清单与标准体系的推出，有助于大幅度提高农村住宅保温性能，节约能源消耗、减少经济支出。

（4）"绿色宜居村镇住宅建造技术咨询服务系统"技术成果利用现代信息手段和已普及的移动终端，解决了村镇住宅建造过程中面临的新技术信息有效供给不足、技术支持贴身服务困难、地方决策缺乏全局性支撑等问题。

我们认为在以"双碳"战略为核心的绿色发展作为高质量发展总纲领的新历史阶段，尽管受自然资源禀赋、经济发展水平、社会文化传统等多因素影响，我国村镇住宅建造仍将呈现多样化格局，但以产业化技术为平台，各项绿色、宜居技术集成发展将是差异性格局下的共同趋势。因而，围绕绿色宜居的关键性要求，以产业化技术为导向，以智慧化平台为支撑，通过逐步完善相关标准体系，并持续动态供给谱系化的建造技术清单，将有利于迅速改善村镇住宅技术体系不健全、建造标准不完善、安全健康性能不可控等问题，并推动村镇住宅建造走上良性发展轨道，缩小与农民群众日益增长的美好生活需要之间的差距，切实改善农村的生活条件，助力乡村面貌发生巨大改变。

附　表

村镇住宅"绿色宜居指数"评价调查问卷

技术分类			序号	技术名称	绿色评价			宜居评价		
					节约性（5）	低碳性（5）	环保性（5）	安全性（5）	健康性（5）	舒适性（5）
围护结构体系	外墙系统	块材墙	1	蒸压加气混凝土新型砌块墙体						
			2	陶粒混凝土空心砌块墙体						
			3	粉煤灰砌块墙体						
			4	轻骨料混凝土砌块墙体						
			5	蒸压灰砂砌块墙体						
			6	石膏砌块墙体						
			7	烧结煤矸石多孔砖墙体						
			8	自保温复合砌块墙体						
			9	混凝土空腔砌块墙体						
			10	陶粒增强泡沫自保温混凝土砌块						
			11	格构式自保温混凝土砌块						
			12	再生粗、细骨料砌体						
			13	植物纤维砌体						
			14	EPS空腔模块浇筑混凝土砌块						
			15	多功能复合砌体						
			16	连锁空心砌块						
			17	美国刨花板混凝土复合砌块						
			18	配筋砌体						
			19	烧结黏土砖砌块						
			20	大型预制装配式传统砌体						
		板筑墙	21	普通木龙骨墙体						
			22	高性能木龙骨墙体						
			23	CCA板灌浆墙						
			24	金邦板复合墙板						
			25	轻骨料混凝土板材墙体						
			26	单一钢筋混凝土外墙						
			27	现浇钢筋混凝土外墙						
			28	泡沫混凝土外墙						
		板材墙	29	预制SIP板墙体						
			30	麦秸复合墙体						
			31	粉煤灰复合墙体						
			32	蒸压加气混凝土墙板（ALC板）						
			33	欧松板复合墙体						

续表

技术分类			序号	技术名称	绿色评价			宜居评价		
					节约性（5）	低碳性（5）	环保性（5）	安全性（5）	健康性（5）	舒适性（5）
围护结构体系	外墙系统	板材墙	34	加气混凝土外墙板						
			35	聚苯乙烯复合外墙（玻璃纤维水泥聚苯复合保温板）						
			36	3E板						
			37	预制混凝土夹芯条板ASA复合条板						
			38	达权复合夹芯板条板						
			39	钢丝网架水泥岩棉夹芯板（GSY板）						
			40	钢丝网架水泥聚苯乙烯夹芯板（GSJ板）						
			41	钢筋陶粒混凝土轻质墙板						
			42	陶粒混凝土复合条板						
			43	植物纤维强化空心（加芯）条板						
			44	硅酸钙墙板						
			45	薄壁混凝土岩棉复合外墙板						
			46	金属保温复合板（金属三明治板）						
			47	泰柏板水泥砂浆复合板						
			48	太空板						
			49	蒸压加气混凝土复合大板						
			50	钢丝网架复合大板						
			51	钢丝网架复合墙板（LCC-C板）						
			52	硬质聚氨酯泡沫塑料复合夹心板						
			53	LCC-C系列轻质保温复合外墙板						
			54	细石混凝土＋聚苯板						
			55	彩钢夹芯复合外墙						
			56	预制混凝土夹心复合外墙						
			57	单一钢筋混凝土外墙						
			58	全预制钢筋混凝土外墙						
			59	钢筋混凝土叠合墙						
			60	集成保温复合混凝土墙						
			61	预制混凝土墙板一体化墙体						
	楼板系统	现浇楼板	62	现浇钢筋混凝土楼板						
			63	压型钢板现浇混凝土组合楼板						

技术分类			序号	技术名称	绿色评价			宜居评价		
					节约性（5）	低碳性（5）	环保性（5）	安全性（5）	健康性（5）	舒适性（5）
围护结构体系	楼板系统	预制楼板	64	预制钢筋混凝土楼板						
			65	预制加气混凝土楼板						
			66	预应力混凝土叠合板						
			67	钢丝网架水泥夹芯楼板						
			68	压型钢板干式组合楼板						
			69	钢筋混凝土预制条板						
			70	钢筋混凝土预制大板						
			71	钢筋混凝土叠合大板						
			72	混凝土楼板的叠合形式还可将预制混凝土底板替换为钢承板						
			73	轻钢楼板						
	屋顶系统	平屋面	74	钢筋混凝土现浇屋面						
			75	种植屋面						
		坡屋面	76	预制条板屋面						
			77	预制大板屋面						
			78	沥青瓦屋面						
			79	块瓦屋面						
			80	波形瓦屋面						
			81	金属板屋面						
			82	中密度纤维板（MDF板）						
			83	承重断热板式屋面						
			84	柔性薄膜光伏屋面						
			85	装配式轻型坡屋面						
			86	预制SIP板式屋面						
主体结构体系	结构体系	木结构	87	轻型骨架结构						
			88	锯材梁柱结构						
			89	层板胶合木梁柱结构						
			90	正交胶合木墙板结构						
		低层混凝土结构	91	现浇混凝土框架结构						
			92	现浇混凝土墙板结构						

技术分类			序号	技术名称	绿色评价			宜居评价		
					节约性（5）	低碳性（5）	环保性（5）	安全性（5）	健康性（5）	舒适性（5）
主体结构体系	结构体系	低层混凝土结构	93	预制装配式混凝土框架结构						
			94	预制装配式混凝土墙板结构						
			95	盒子结构						
			96	3D打印混凝土结构						
		新型砌体结构	97	高性能砌体						
			98	绿色建材砌体						
			99	自模板浇筑砌体						
			100	多功能复合砌体						
			101	无砂浆砌筑砌体						
			102	小型预制装配式传统砌体						
			103	大型预制装配式传统砌体						
		低层钢结构	104	密肋结构体系						
			105	轻型密肋结构						
			106	超轻型密肋结构						
			107	框架结构体系						
			108	框架砌块结构						
			109	框架条板结构						
			110	框架大板结构						
功能支持体系	隔墙体系	块材隔墙	111	轻质砌块隔墙墙体						
			112	混凝土空心砌块墙体						
			113	石膏砌块墙体						
			114	加气混凝土砌块墙体						
			115	轻集料混凝土空心砌块墙体						
			116	空腔砌块隔墙						
			117	粉煤灰砌块墙体						
			118	蒸压加气混凝土砌块						
		轻骨架隔墙	119	木龙骨隔墙						
			120	轻钢龙骨石膏板隔墙						
			121	钢弦立筋石膏板隔墙						
		条板隔墙	122	轻混凝土空心条板内隔墙						
			123	玻纤增强水泥条板内隔墙						
			124	玻纤增强石膏条板内隔墙						

续表

技术分类		序号	技术名称	绿色评价			宜居评价		
				节约性（5）	低碳性（5）	环保性（5）	安全性（5）	健康性（5）	舒适性（5）
隔墙体系	条板隔墙	125	硅镁加气条板内隔墙						
		126	粉煤灰泡沫水泥条板内隔墙						
		127	植物纤维复合条板内隔墙						
		128	聚苯颗粒水泥复合夹芯条板内隔墙						
		129	纸蜂窝夹芯复合板内隔墙						
		130	蒸压加气混凝土板（ALC板）						
		131	石膏空心条板						
		132	真空挤出成型纤维水泥多孔板						
		133	水泥蜂窝板						
		134	钢丝网架水泥夹芯板（GSY板）						
		135	纤维水泥复合墙板						
		136	陶粒混凝土复合条板						
功能支持体系	门窗	137	铝包木节能门窗						
		138	实木集成材门窗						
		139	玻璃钢门窗						
		140	节能型普通铝合金门窗						
		141	普通铝合金门窗						
		142	节能型断热铝合金门窗						
		143	普通塑料门窗						
		144	节能型塑料门窗						
		145	节能型塑钢窗						
		146	普通玻璃钢门窗						
		147	铝合金外遮阳系统						
		148	织物卷帘外遮阳系统						
		149	曲臂遮阳棚系统（摆转式、斜伸式）						
		150	遮阳型双层整体铝合金节能窗						
		151	遮阳节能铝合金平开窗系统						
		152	内置遮阳百叶中空玻璃						
	厨房卫生间	153	整体厨房						
		154	整体卫浴间						
		155	装配式卫生间管道墙系统						
		156	小型"谷（畜）—厕—沼"沼气系统						

续表

技术分类		序号	技术名称	绿色评价			宜居评价		
				节约性（5）	低碳性（5）	环保性（5）	安全性（5）	健康性（5）	舒适性（5）
功能支持体系	可再生能源利用	157	柔性薄膜光伏屋面技术（同屋面技术）						
		158	空气热能水系统采暖技术						
		159	低温空气源热泵供暖技术						
		160	北方采暖专用低温空气源热泵供暖技术						
		161	空气源热泵采暖项目						
		162	地温蓄能交换技术						
		163	分体式户用太阳能热水系统						
		164	建筑光伏一体化技术						
		165	高效平板太阳能与建筑一体化应用技术						
	管线体系	166	建筑生活热水塑料管道系统						
		167	建筑给水塑料管道系统						
		168	建筑排水塑料管道系统						
		169	建筑地面辐射采暖塑料管道系统						

参考文献

[1] 中共中央，国务院. 关于全面推进乡村振兴加快农业农村现代化的意见 [EB/OL]. （2021-02-21）[2022-12-26].http：//www.lswz.gov.cn/html/xinwen/2021-02-21/content-264527.shtml.

[2] Chung Yi Tse. Monopoly，Human Capital Accumulation and Development. Journal of Development Economics，2001（61）：137-174.

[3] 唐菁菁. 劳动力成本上涨推动的建筑业发展战略研究 [D]. 武汉：华中科技大学，2013.

[4] 住房和城乡建设部住宅产业化促进中心. 大力推广装配式建筑必读——制度·政策·国内外发展 [M]. 北京：中国建筑工业出版社，2016.

[5] 中国建筑节能协会能耗统计专委会.2018 中国建筑能耗研究报告 [J]. 建筑,2019（2）：26-31.

[6] 吕江涛，张燕. 碳达峰、碳中和如何影响中国经济 [J]. 决策探索（上），2021（4）：34-35.

[7] 刘晖. 美国郊区化住宅建造模式的启示 [J]. 中外建筑，2005（1）：63-82.

[8] ASHRAE 90406-2020：ASHRAE DESIGN GUIDE FOR LOW-TO-MID-SIZE MULTIFAMILY RESIDENTIAL BUILDINGS，2020.

[9] 毛凯. 德国建筑法律法规体系研究 [J]. 工程建设标准化，2020（9）：53-59.

[10] 赖世成，井治学. 全新的建筑体系——德国灰砂砖大砌块技术 [J]. 粉煤灰综合利用，2014（5）：55-58.

[11] 王志成. 德国装配式住宅工业化发展态势（二）[J]. 住宅与房地产，2016，（29）：73-76.

[12] 尹振国，覃永辉. 日本农宅建设对我国新农村住宅建设的启示 [J]. 经济研究导刊，2008（6）：199-200.

[13] 刘雅芹，程志军，任霏霏. 日本建筑技术法规简介 [J]. 工程建设标准化，2015（4）：39-43.

[14] 日本木结构建筑技术发展概况 [J]. 住宅产业，2018（1）：29–30.

[15] 曲占贺 . 辽宁中部地区新农村住宅的适宜性建造策略研究 [D]. 重庆：重庆大学，2014.

[16] 金虹，等 . 低能耗 低技术 低成本——寒地村镇节能住宅设计研究 [J]. 建筑学报，2010（8）：14–16.

[17] 金虹，等 . 应对极寒气候的低能耗高舒适村镇住宅设计研究——以扎兰屯卧牛河镇移民新村设计为例 [J]. 建筑学报，2015（2）：74–77.

[18] 刘加平，等 . 黄土高原新型窑居建筑 [J]. 建筑与文化，2007（6）：39–41.

[19] 刘京华，等 . 宁夏地区新型生态农宅设计探讨——以银川碱富桥村为例 [J]. 建设科学，2010（12）：106–109.

[20] 周铁刚，等 . 现代夯土农宅建设的研究与应用 [J]. 建设科技，2012（12）：19–23.

[21] 安帅 . 轻型预制板式房屋系统的构建与应用——以山东邹城大束镇侯家洼社区农宅为例 [D]. 南京：东南大学，2017.

[22] 蔡宇航 . 当代土坯技术对吐鲁番地区生土建筑营造的启示与应用研究 [D]. 乌鲁木齐：新疆大学，2019.

[23] 张磊 . 生土建筑材料的改性优化及墙体热工性能分析 [D]. 西安：西安建筑科技大学，2018.

[24] 高庆 . 昌平沙岭新村农宅被动房示范项目能耗和费用分析 [J]. 建筑科技，2019（3）：46–52.

[25] 张曙辉 . 营建新农村——贵州"新镇山绿色住宅示范工程"实践 [J]. 华中建筑，2007（7）：63–65.

[26] 张明珍，任卫中 . 基于可持续的乡村建房模式的实践与思考——以安吉生态屋为例 [J]. 生态城市与绿色建筑，2012（8）：80–85.

[27] 王晓鸣，等 . 绿色农房建设伙伴关系模式初探 [J]. 房地产市场，2016（7）：36–42.

[28] 张翩翩 . 装配式住宅建筑在乡村发展中的探索 [D]. 杭州：浙江大学，2018.

[29] 王洁凝 . 国外发展木结构建筑的经验及对我国的启示 [J]. 工程质量，2017，35（6）：16–20.

[30] 欧加加，杨学兵 . 中美木结构设计标准技术内容对比研究 [J]. 建筑技术，2019，50（4）：395–398.

[31] 徐苗 . 装配式木建筑应用策略研究 [D]. 济南：山东建筑大学，2017.

[32] Bartolomé Serra Soriano, Alfonso Díaz Segura, Ricardo Merí de la Maza. Estudio y aplicación del sistema balloon frame a la industrialización de la vivienda : el caso de las

American System–Built Houses de Frank Lloyd Wright[J]. informes de la construcción，2017，69（546）：190.

[33] 李翰伯. 不对称开门洞轻型木结构房屋抗震试验研究 [D]. 上海：同济大学，2007.

[34] 郝春荣. 从中西木结构建筑发展看中国木结构建筑的前景 [D]. 北京：清华大学，2004.

[35] Field W . A Reexamination into the Invention of the Balloon Frame[J]. Journal of the American Society of Architectural Historians，1942，2（4）：3–29.

[36] 朱娜. 岭南地区绿色装配式农居设计策略研究 [D]. 广州：华南理工大学，2018.

[37] 林永锦. 村镇住宅体系化设计与建造技术初探 [D]. 上海：同济大学，2008.

[38] 张洁, 杨永悦. 将建筑的权力还给人民——访建筑师谢英俊 [J]. 建筑技艺，2015（8）：82–90.

[39] 尹建中. 我国村镇住宅产业化存在的问题及对策研究 [J]. 企业经济，2006（10）：90–92.

[40] 住房和城乡建设部, 国家质量监督检验检疫总局. 木结构设计标准 GB 50005—2017[S]. 北京：中国建筑工业出版社，2018.

[41] 周绪红, 石宇, 周天华, 等. 低层冷弯薄壁型钢结构住宅体系 [J]. 建筑科学与工程学报，2005（2）：5–18.

[42] 桥本伸一郎. 薄板钢骨建筑在日本的研发和普及 [J]. 住宅产业，2004（11）：45–50.

[43] 黄增军. 谢英俊的轻钢结构乡村建筑实践 [J]. 新建筑，2007（4）：8–11.

[44] 中国建筑金属结构协会建筑钢结构委员会, 住房和城乡建设部科技发展促进中心. 钢结构住宅设计规范 CECS 261：2009[S]. 北京：中国建筑工业出版社，2009.

[45] 吴云, 王玉龙. 钢结构节能住宅墙体材料及细部构造 [J]. 建筑技术，2008，39（11）：881–884.

[46] 施煜庭. 现代木结构建筑在我国的应用模式及前景的研究 [D]. 南京：南京林业大学，2006.

[47] 魏延晓, 唐柏鉴. 钢结构住宅墙体发展及研究 [J]. 山西建筑，2008（28）：34–35.

[48] 陈学忠. 寒地装配式建筑外围护系统关键技术比较研究 [D]. 长春：吉林建筑大学，2019.

[49] 中国建筑标准设计研究院. 国家建筑标准设计图集：内隔墙建筑构造（2012 年合订本）J111–114 [M]. 北京：中国计划出版社，2012.